国家地理
动物百科全书

ANIMAL
ENCYCLOPEDIA

鸟 类

咬鹃类·佛法僧类

西班牙 Sol90 出版公司◎著
董青青◎译

山西出版传媒集团 山西人民出版社

目录

CATALOGUE

ANIMAL ENCYCLOPEDIA

国家地理视角

生存

以水和空气为生

翠鸟主要以鱼类为食。然而，其近亲——黄喉蜂虎——能够在飞行过程中捕获目标——蜻蜓。既可以自己食用，也可在求偶时赠予异性。

忍饥挨饿，无依无靠

成鸟的坚毅同雏鸟的依赖和脆弱形成了鲜明的对比。它们不停歇地在树林中为自己和雏鸟觅食。这边一只北扑翅䴕（*Colaptes auratus*）正飞回巢穴，它的3只雏鸟正聚在一起焦急地等待着每日的粮食，以缓解饥饿。

丰富的日常饮食

一群飞鸟壮观地掠过东南亚和大洋洲小岛上的热带丛林。它们主要以水果和昆虫为食，有时也会捕食一些小型的哺乳动物。这只马来犀鸟（*Buceros rhinoceros*）在展示自己的猎物——啮齿目动物的同时，将它的美丽外形表现得淋漓尽致。

咬鹃

咬鹃主要分布于赤道附近地区，体长近 30 厘米，喙短，杂食性鸟类。雌鸟和雄鸟大不相同。一生都与树丛有着密切的联系：觅食、栖息、繁衍后代都离不开树丛。

一般特征

咬鹃和格查尔鸟属中型鸟类，身体强壮，喙短且宽，眼睛大，颈短，尾长。脚短且柔弱，两趾向前，两趾向后。羽密且柔，呈鲜艳的彩虹色，其中雄鸟较引人注目。飞行少，且距离短，喜在树上栖息。主要以果实和昆虫为食。栖息在热带雨林和森林中。

门：脊索动物门
纲：鸟纲
目：咬鹃目
科：1
种：39

一般特征

咬鹃目包括咬鹃和格查尔鸟。它们是鸟群中最为耀眼的明星，雄鸟羽色鲜艳夺目。背部一般为绿色、蓝色或紫色，有的也呈彩虹色，而腹部常为红色、粉色、橙色或黄色，与背部形成鲜明对比。雌鸟色泽更为细腻。辉绿咬鹃（***Pharomachrus mocinno***）的羽毛最为耀眼，雄鸟的尾羽可达到90厘米长。所有的咬鹃目鸟类，翅短且圆，利于在树枝间飞行。尾巴较大且呈平截形。喙短而又坚硬，有些种类的喙边缘呈锯齿状，很有特点。脚小，并且很弱，利于紧紧抓住树枝，但不适合在地面行走。脚趾构造与其他攀禽相同，其中两趾向前，两趾向后。和其他鸟类不同的是，它们的第一和第二趾向后。主要分布于美洲、非洲和亚洲的热带地区，一般生活在树林中层，但有时也会到附近更为宽阔的区域活动，因而确保了无数植物种子的传播。大部分栖息于新热带界、海拔3500米的山地。其分布区域边界地带气候干旱，有大量的多刺植物林、竹林以及大草原。极有可能源于非洲大陆。目前在非洲生活着3种咬鹃，占总体的17%左右。

国鸟

咬鹃目的美丽在古巴、海地和危地马拉的国旗上得到了充分展现。

树丛中的生活

它们的脚和尾巴在对丛林生活的适应过程中，发生了很大的变化。脚更加便于在树枝上站立，尾巴短，利于在茂密的树叶间自由飞行。

古巴咬鹃

Priotelus temnurus

行为和饮食

咬鹃大部分时间都保持不动并且不发出声音。飞行时，时而向上时而向下，但从不远距离飞行。脚小，不适于行走。大部分时间都在树枝上休息，因而让人很难发现它们。一般在上午或下午，为了觅食或保卫自己的领地，会进行短距离飞行。从不迁徙。一般独居或者结伴生活。尽管大部分种类的领地习性非常明显，但对于咬鹃我们依然所知甚少。为了警告可能的入侵者，它们会不断地重复一种响亮而简单的叫声。它们悦耳的歌声主要用于求偶时吸引伴侣。夏季来临后，生活在高山上的咬鹃会飞到地势较低的地区活动。主要以水果和昆虫为食，有时也会吃一些软体动物、小型的两栖动物以及爬行动物。非洲的咬鹃不吃水果，然而在亚洲和美洲的大部分咬鹃都喜食水果，并将其作为主要食物。经常跟随猴群，以其残食为生；也会跟随行进中的蚁群，以腐烂的昆虫为食。一般在飞行过程中捕获猎物，之后在树枝上将其吞食。

繁衍后代

在繁殖期间，它们有很强的领地意识。求偶时，雄鸟通过跳舞向雌鸟展现它们漂亮的羽毛，同时表演垂直飞行，朝着同一个树枝上下飞行。经过这一系列活动，同伴双方会发出响亮的叫声。一些种类的雄鸟会成群鸣叫，但这一社会性行为非常罕见。它们会结为一生的伴侣。一般在腐朽树干上已有的洞穴中建巢。有时也会在大型附生植物根部、白蚁或蜂巢安家。紫头美洲咬鹃（*Trogon violaceus*）在胡蜂的巢穴中建巢；而古巴咬鹃（*Priotelus temnurus*）一般会利用棕榈树或其他树木枝干上的洞穴，甚至经常占据被啄木鸟遗弃的洞穴。咬鹃目一般夫妻双方共同建巢，这一工作有时甚至会持续 2 个月。产 2~4 枚卵，一般呈白色、绿色或蓝色，由雌鸟或者雄鸟孵化 21 天。一般轮流完成这项任务，雌鸟经常在晚上孵卵。雏鸟出生时，需要大量食物。热带咬鹃一般在旱季出生，而在温带或干旱地区，雏鸟常在春天或夏天出生。雌鸟和雄鸟共同哺育雏鸟，其食物常为成鸟反刍的昆虫。尽管雏鸟刚出生时非常柔弱，眼睛紧闭，但它们的成长速度很快，1 个月之后便可以飞行。

不被注意的生活

咬鹃目的鸟类喜静，大部分时间都在树枝上一动不动静悄悄地度过，以此安全地躲避捕食者。

热带的美人

咬鹃分布于美洲、非洲和亚洲的热带地区，生活在热带雨林、丛林和东南亚季风区的灌木丛中。羽毛鲜艳、明亮且呈彩虹色。在繁殖期间，雄鸟会有令人瞩目的表现。

色彩斑斓

主要为黄色、红色、绿色、紫色。尾部呈白色。

黑头咬鹃（*Harpactes fasciatus*）
分布于印度和斯里兰卡。一道白色斑纹将其黑色的头部同玫瑰色的腹部区分开来。

雄性的黑喉美洲咬鹃（*Trogon rufus*）
头部为绿色，腹部呈金黄色，雌鸟多为棕色。

伊岛咬鹃（*Priotelus roseigaster*）
背部为鲜绿色，腹部呈红色，脖子、胸脯呈灰色，黄色的虹膜非常引人注目。

咬鹃

门：脊索动物门
纲：鸟纲
目：咬鹃目
科：咬鹃科
种：39

咬鹃为树栖性鸟类，生活在除澳大利亚之外的热带和亚热带地区，羽毛柔软稠密且色彩斑斓，有的呈彩虹色，雄鸟和雌鸟颜色各有不同。喙短而坚硬，边缘呈锯齿状。脚呈异趾形。以节肢动物和果实为食。在树上营巢：在腐朽的树干上挖洞筑巢，或利用已有的洞穴，或占据社会性昆虫的巢穴。

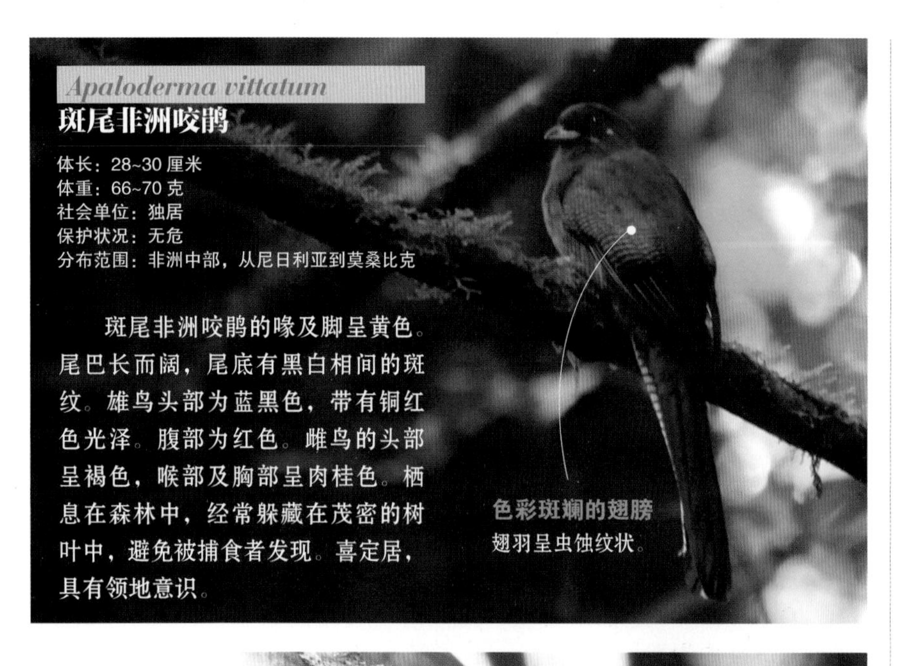

Apaloderma vittatum

斑尾非洲咬鹃

体长：28~30 厘米
体重：66~70 克
社会单位：独居
保护状况：无危
分布范围：非洲中部，从尼日利亚到莫桑比克

斑尾非洲咬鹃的喙及脚呈黄色。尾巴长而阔，尾底有黑白相间的斑纹。雄鸟头部为蓝黑色，带有铜红色光泽。腹部为红色。雌鸟的头部呈褐色，喉部及胸部呈肉桂色。栖息在森林中，经常躲藏在茂密的树叶中，避免被捕食者发现。喜定居，具有领地意识。

色彩斑斓的翅膀
翅羽呈虫蚀纹状。

Apalharpactes reinwardtii

蓝尾咬鹃

体长：34 厘米
体重：不详
社会单位：独居
保护状况：濒危
分布范围：爪哇岛西部

蓝尾咬鹃的颜色艳丽夺目：背部为绿色（除蓝色尾羽）；腹部呈黄色，有一道绿色条纹穿过胸部。以飞行中或在栖息架上捕获的无脊椎动物为食，也吃果实。喙基部有感觉毛，可感知外界环境，可帮助它们寻找猎物。栖息于海拔800~2600 米的山地丛林，目前生活在爪哇岛西部的 6 处丛林里。有时会同其他种群混合聚集在一起。繁衍情况不详。一般产 1~3 枚卵。

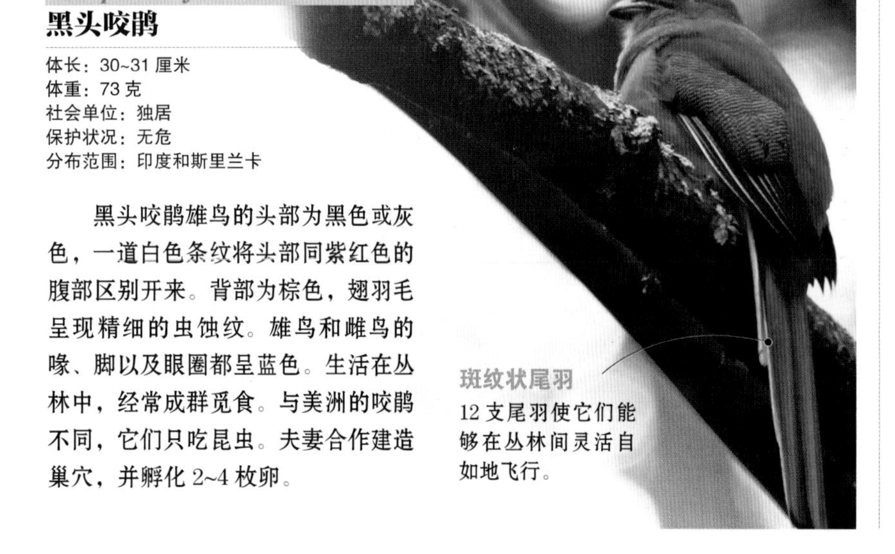

Harpactes fasciatus

黑头咬鹃

体长：30~31 厘米
体重：73 克
社会单位：独居
保护状况：无危
分布范围：印度和斯里兰卡

黑头咬鹃雄鸟的头部为黑色或灰色，一道白色条纹将头部同紫红色的腹部区别开来。背部为棕色，翅羽毛呈现精细的虫蚀纹。雄鸟和雌鸟的喙、脚以及眼圈都呈蓝色。生活在丛林中，经常成群觅食。与美洲的咬鹃不同，它们只吃昆虫。夫妻合作建造巢穴，并孵化 2~4 枚卵。

斑纹状尾羽
12 支尾羽使它们能够在丛林间灵活自如地飞行。

Apalharpactes mackloti

苏门答腊咬鹃

体长：31 厘米
体重：67~71 克
社会单位：独居
保护状况：无危
分布范围：苏门答腊东部

苏门答腊咬鹃雄鸟的头部为黄绿色，身体下部呈蓝色。翅羽有条纹，颈部和腹部呈黄色。喙为红色，眼圈为蓝色，脚为橙色。与雄鸟不同，雌鸟的条纹更窄。栖息于湿润的山地丛林。杂食性鸟类，除昆虫外，也会吃一些果实和小型的爬行动物。

Priotelus temnurus

古巴咬鹃

体长：25~28 厘米
体重：53~60 克
社会单位：独居
保护状况：无危
分布范围：古巴

古巴咬鹃的头部和颈部呈蓝色，脸部为黑色；胡须、喉咙和胸脯呈浅灰色；背部为深绿色，略带金属光泽。翅羽上分布着白色斑点。栖息于湿润的热带雨林地区，也可在干旱地区、常绿阔叶林、落叶林、松树林以及次生林生存。

同蜂鸟一样，古巴咬鹃利用分叉的舌尖，以花为食。同时，它们也会吃一些昆虫和水果。5~8 月在天然的或者被啄木鸟遗弃的洞穴里筑巢，并产 3~4 枚卵。

名字的含义
希腊语中的“咬鹃”，意为“啃咬”，指其擅于在树干或者白蚁巢里建造自己的巢穴。

对比鲜明
红色的腹部同白色的胸脯形成鲜明的对比。

尾羽
拥有独特的月牙形尾羽。

Trogon curucui

蓝顶美洲咬鹃

体长：23~24 厘米
体重：63~71 克
社会单位：独居
保护状况：无危
分布范围：南美洲北部及中部

蓝顶美洲咬鹃雄鸟的喙呈浅灰色，面部和脖子为黑色，而颈部、头顶和胸脯同尾羽上端一样，呈亮丽的蓝绿色。翅膀为黑色，有白色的虫蚀纹。雌鸟腹部呈粉红色，胸脯和头部呈灰色。栖息地多种多样，从树林到灌木丛皆有。常常停歇在水平的树枝上。以节肢动物或者小果实为食。能够在飞行过程中获取食物。在树栖蚁群的巢穴里安家。每窝最多可产 3 枚卵。

Euptilotis neoxenus

角咬鹃

体长：33~36 厘米
体重：103~149 克
社会单位：独居
保护状况：近危
分布范围：北美洲南部

角咬鹃因两缕羽毛向后生长，形似耳朵而得名。雄鸟背部为绿色，带有金属光泽，腹部为鲜艳的红色。腹部外侧的尾羽近乎纯白色，中间部分呈深色。喙为黑色或灰色。雌鸟与雄鸟相似，但是头部、胸部以及背部呈棕色。虽然它们可在一些干旱的地区栖息，但是更喜生活在海拔为 1800~3300 米的松树或栎树林中。吃昆虫、果实和一些小型的脊椎动物。7~8 月（雨季）时，在 10 米高的天然树洞或者啄木鸟的洞穴中筑巢。每只雌鸟孵化 2 枚卵，孵化期为 18 天。父母双方共同照顾雏鸟。

Trogon rufus

黑喉美洲咬鹃

体长：23~25 厘米
体重：54~57 克
社会单位：独居
保护状况：无危
分布范围：中美洲及南美洲北部和中部

黑喉美洲咬鹃的体形中等，雄鸟腹部和喙为黄色，眼睑为深蓝色，头部、胸部和背部为绿色，脖子呈黑色。雌鸟腹部为黄色，其余部分呈棕色。生活在中低型丛林内部或边缘以及水域或种植园附近。在飞行过程中捕食昆虫，也吃果实。生性喜静，经常躲在树丛中，保持挺立的姿势。叫声响亮，似一连串哨音。在 1~6 米高的树洞里垫上一些从腐朽树干上啄下来的小木块，作为巢穴。2~6 月产 2~3 枚卵。14~15 天之后，雏鸟就能够离开巢穴。

饮食
有时它们会同哺乳动物群合作，如猴群或者南美浣熊群，捕食被这些群体吓跑的节肢动物。

斑纹状尾羽
尾羽有简单的条纹，但雌鸟的条纹不明显。

Pharomachrus mocinno

凤尾绿咬鹃

体长：36~40 厘米
翼展：50~55 厘米
体重：180~210 克
社会单位：成对
保护状况：近危
分布范围：中美洲

食果鸟类
主要食物为鳄梨和红果。

凤尾绿咬鹃生活在寒冷且降水量大的山地丛林中。清晨和午后的浓雾使环境更加湿润。

饮食

它们是杂食性动物。吃果实，如野生鳄梨、浆果。为了获取果实，它们常停歇在目标果实下方的树枝上，比如野生鳄梨树，然后向上起飞啄下一颗果实。也吃两栖动物、昆虫和蜗牛等小型的爬行动物。

叫声

雄鸟聚在一起或者单独用它们尖锐的哨音来吸引雌鸟。叫声为“啾啾”或“哔哔”，经常两种声音交替，但有时只单调地重复一种声音。有时还会发出另外一种刺耳的声音。

照料雏鸟
雏鸟一般在巢穴里待3 周左右，常从父母的嘴中获取食物。

倾倒伴侣

当繁殖期到来时，雄鸟会展现出一系列的性别魅力来征服雌鸟。其尾羽最引人注目，色彩鲜艳绚丽，并且比它的身体长出许多。它一边展现自己色彩斑斓的尾羽，一边鸣叫，并进行求偶的飞行才艺展示。尽管很多雄鸟能够很好地完成自己的表演，得到众多雌鸟的关注，但它们仍然信守一夫一妻制，并且同雌鸟共同承担养育雏鸟的责任。

羽毛
羽毛呈褐色、绿色或者红色。这些颜色并不是源自色素细胞，而是羽毛结构的一部分。能够看到这些绚丽的色彩是由于彩虹效应——白光中的蓝色成分色散的结果。

105 厘米
雄性凤尾绿咬鹃尾羽的最大长度。

2 年
每次换羽后，雄性鸟与众不同的羽毛可以保持的时间。

独特的起飞
在起飞时，雄鸟先向后倒，然后振翼飞行。它们用这样的方式来避免尾羽在起飞时受到损伤。

振翼
向上起飞时，扑打翅膀，并始终保持上下起伏飞行。

全身羽毛
翅膀、背部和尾巴都是独具特色的金绿色羽毛。

性别二态性
雄鸟的尾巴除了长长的绿色羽毛外，还夹杂着黑色和白色的羽毛。此外，还有直立的冠毛。喙为黄色，胸部和腹部为鲜艳的胭脂红。雌鸟颜色没有雄鸟艳丽，羽毛上有暗色的斑点，头部为咖啡色，喙呈黑色，腹部为红色。
雌鸟
雄鸟
冠毛
头顶上的羽毛呈扁平状，这是雄鸟独有的特征。
喙
它们利用喙啄木和筑巢。一般选择木质较软的朽木。
脚
脚两趾向前，另外两趾向后。可以同树栖性鸟类一样稳固地站立在树枝上。这种四肢结构被称作并趾，这使得它们可以像啄木鸟一样平稳地站立在垂直的树干上。与身体的其他部位相比，它们的脚很短。
彩色的羽毛
雄鸟的腹部和胸部为红色。而雌鸟只有腹部为红色。
可以稳稳地
抓住树干
两趾向前

翠鸟及其他

翠鸟身体强壮结实。喙粗大，且样子和颜色多变，在捕食过程中发挥关键性的作用。因而，它们的食谱上基本都是肉类。大部分为树栖性。以天然树洞为巢或自己啄洞筑巢，有时也会利用墙壁上的洞穴或地道。

一般特征

佛法僧目成员体形大小不一，羽色鲜艳。喙长且形态各异，引人注目。脚小，三趾向前，一趾向后，其中足的前三趾基部有不同程度的并合。有些种类翅短而圆，有些翅尖而长。除南极洲外，其他各大洲都有它们的栖息地，其中大部分都分布于欧亚非三洲。

门：脊索动物门

纲：鸟纲

目：佛法僧目

科：10

种：213

多样性

佛法僧目中，除了最为人熟知的翠鸟，还有许多其他种类，如犀鸟、蜂虎等。

一般特征

佛法僧目分为翠鸟科、蜂虎科、翠鴗科、佛法僧科、戴胜科、犀鸟科等。本目由头大、颈短、脚小且弱的中小型鸟类组成。大部分鸟的喙为彩色，形状长且尖，但犀鸟的喙很大，和美洲的巨嘴鸟相似。翠鴗科鸟类的喙呈锯齿状，适于其食虫性的饮食特点。佛法僧目鸟类的羽毛有光泽，色彩鲜活明亮。翠鸟科鸟类的羽毛覆有一层油性物质，可避免其在潜水时弄湿羽毛。佛法僧目的所有种类都能够快速、上下起伏地进行高难度的飞行。它们脚趾的布局有个共同的特点：三趾向前，一趾向后，其中足的前三趾基部有不同程度的并合。此外，还具有其他共同特点，如颌骨结构、足部的肌肉的缺失、羽毛展开的式样。除了犀鸟和一些翠鸟外，大部分种类的雄鸟和雌鸟都没有区别。体形最小的佛法僧目鸟类为波多黎各短尾鴗（*Todus mexicanus*），体长 11 厘米，重 6.5 克。其中最大的是犀鸟科鸟类，如阿比西尼亚地犀鸟（*Bucorvus abyssinicus*），体长达 80 厘米，重 3 千克。

并趾

尽管佛法僧目种类繁多，但我们可以根据它们的脚趾结构及独有的并合特点进行分类。

并合的脚趾

第三和第四趾（或者更为少见的前三趾）在基部并合。这一特点使它们在抓树干、树枝以及其他经常停歇的地方时，能够获得更大的支撑面。

行为举止与繁衍后代

大部分种类为树栖性，只有少数在地面度过其大部分时间。一般为杂食性，但是也有些种类常在水中、空中或地面捕食某些特定的猎物。蜂虎主要以蜜蜂为食。它们在飞行过程中用喙灵巧地抓住猎物，为了吞吃猎物或喂养雏鸟，它们常将猎物撞向坚硬的平面来除掉其螫针和毒液。树栖犀鸟利用长长的喙来获取树枝上的果实。它们经常成群觅食。地栖犀鸟是食肉动物，用喙啄杀猎物，从节肢动物到一些小型的脊椎动物，都是它们的美食。翠鸟常挺直身体，闭上眼睛潜入水中。捕获食物后，飞回出发时的树枝上，然后一口吞掉猎物。当捕鱼区没有合适的树枝时，翠鸟会强有力地振翅，停留在空中悄悄窥探猎物。繁殖期间，常常组成一对或合作团队，甚至庞大的群体。它们用一点树枝铺垫岩石、树木、地面甚至人类房屋上的洞穴，作为自己的巢穴。和犀鸟一样，有些翠鸟也会在蚁穴或者软木质树干上建巢。犀鸟的行为在鸟类中独树一帜，因其雄鸟会把雌鸟留在巢穴里，并封上洞口。夫妻双方共同哺育并保护雏鸟。因排泄物堆积，和腐烂的食物残渣，大部分佛法僧目鸟类巢穴气味难闻。它们的卵一般呈乳白色，但戴胜科的戴胜鸟的卵为蓝色或绿色。雏鸟的喙尖比上颌骨短。

分布

分布于除南极洲外的其他大陆上，其中大部分种类生活在欧亚非三洲。翠鸟科分布于除了极地外的所有地区，一般离不开水体。然而，其他种类的分布范围很小，如翠鴗科（美洲热带地区特有），或者短尾鴗科（大安的列斯群岛独有）。大部分蜂虎和蓝胸佛法僧都生活在炎热的非洲地区。戴胜鸟和犀鸟（犀鸟科的代表）生活在非洲和亚洲大部分地区。此外，也有一种戴胜鸟生活在欧洲广阔的区域。佛法僧目各科的化石记载所显示的区域分布与如今的分布大为不同。佛法僧目在距今大概 6000 万年前的新生代时期，便出现在欧洲和北美洲大陆。

饮食和栖息地

佛法僧目鸟类饮食习惯多样，可在空中、水里、地面或者树丛间捕获猎物。

洞中的巢穴

佛法僧目鸟类有时在一些洞穴中铺上树木枝叶安家。偏爱岩石上的缝隙、树干和地面上的洞穴。有时也会在遗弃的蚁穴中开挖通道作为巢穴。

保护家人

雄性犀鸟会用泥巴将洞口封住，留雌鸟在巢穴里孵化并哺育雏鸟。

笑翠鸟（*Dacelo novaeguineae*）能够利用蚁穴筑巢。

黄喉蜂虎（*Merops apiaster*）在斜坡上筑巢。

犀鸟在树洞或岩石缝隙中筑巢。

饮食

它们的食谱由各种各样的小动物和水果构成。大部分佛法僧目鸟类都是在树丛中捕食，但也有许多特殊的种群，它们能够钻进水中，或在飞行过程中获取食物。它们常用的捕食技巧，是从一根树枝上出发，然后在水中、空中或地面上完成捕食任务。除了这个常用的策略外，有些种类也会在地面上行走或奔跑时捕食。

习惯

尽管有些种类只吃某种特定的食物，但是总的来说，佛法僧目鸟类的饮食是非常多样的。一般以捕鱼和食鱼而出名，尤其是翠鸟科。翠鸟科嘴长且呈钩状，从树枝上俯冲下来，就能够轻松捕获目标。如果找不到合适的落脚点，它们会通过有力的振翅停留在空中，头保持不动，并留神水下的动静。潜水时，翅膀折叠紧贴身体，以此来减缓摩擦力的阻碍。它们能够完全潜入水中，甚至能够游到一些小型水体的底部。一旦抓到鱼，它们会扇动翅膀，迅速回到水面，然后飞回出发时的树枝上。它们在潜水时，眼睛紧闭，以确保入水的准确性。它们并不总是潜水，因为有时候可以很容易地抓到在水域表面游动的鱼。这种情况多出现在空中没有可以利用的树枝时：不断振翅停留在水面上，埋伏以待猎物出现。它们也会捕食甲壳类动物、软体动物、节肢动物、小型的两栖动物和爬行动物。如果可能，有些种类甚至会吃一些小型鸟类和哺乳动物的“新生儿”。比如，红背翡翠（*Todiramphus pyrrhopygius*）会毁掉彩石燕（*Petrochelidon ariel*）的泥巢并捕食其雏鸟。生活在树丛中的佛法僧目鸟类只以昆虫为食。当猎物为脊椎动物时，它们一般会在吞吃前，把猎物撞向一些坚硬的平面，以撞碎其骨头和保护刺。

果实、昆虫和小型脊椎动物

佛法僧目其他科鸟类的食谱也多种多样。翠鴗科以果实和一些小型猎物（如昆虫和小蜥蜴）为食，一般在自己生活的雨林、森林和灌木林中开阔的地方捕食。棕翠鴗（*Baryphthengus martii*）以棕榈树和海里康属植物的果实为食。除了和其他的佛法僧目鸟类一样吃昆虫、蜘蛛、青蛙和小蜥蜴外，它们也和翠鸟科鸟类一样，吃鱼、蟹和虾。它们经常同游蚁属的行军蚁合作，留神蚂蚁团行军过后那些逃跑的小动物的动静。短尾鴗以无脊椎动物为食，主要为昆虫和小蜥蜴。地栖蓝胸佛法僧捕食爬行动物和大的昆虫。林戴胜科鸟类和戴胜科鸟类（如戴胜鸟）以虫为食，这从它们又长又尖的喙便能看出。它们主要在地面或者粪便中寻找昆虫的幼虫和成虫。蜂虎科的蜂虎只吃飞行类昆虫。喜食蚂蚁、黄蜂和蜜蜂，其中蜜蜂是它们的最爱。它们从树枝上迅速起飞，在飞行过程中捕获猎物。在吞食之前，它们会狠狠地在岩石、树枝或者其他任何坚硬的表面撞击猎物，从而拔除其螯针或清除其毒液。

犀鸟

犀鸟的饮食多种多样。一般吃各种果实、种子和昆虫。它们用又大又尖、边缘带锯齿的喙来抓捕和控制猎物。草食性犀鸟一般以浆果、种子、坚果和各种果实为食。双角犀鸟（*Buceros bicornis*）习惯群居。以果实尤其是无花果为食，但是它们也并不排斥其他的肉类食物，如节肢动物。有些犀鸟偏爱白蚁或者一些小型的脊椎动物。体形小的犀鸟一般比较喜欢昆虫和无脊椎动物。相反，地栖犀鸟为食肉性鸟类，甚至会吃乌龟、蛇和小型的啮齿目动物，比如红脸地犀鸟（*Bucorvus cafer*）。有的犀鸟在繁殖期间以肉为食。当猎物体形较大时，它们会用喙不断地啄击直至杀死猎物．红嘴犀鸟（*Tockus erythrorhynchus*）习惯在獴留下的残渣中觅食，因此经常和獴联合在一起。虽然有时候红嘴犀鸟会偷抢獴的食物，但是一般情况下，它们会吃同样的食物。除此之外，它们坚持互助主义，因为獴需要犀鸟警报的叫声，来应对前来抢夺食物的飞禽和其他捕食者。

丰富的日常饮食
佛法僧目鸟类一般以昆虫和果实为食，但是很多种类也捕食小型的脊椎动物。

饮食和策略

在空中
蜂虎在飞行过程中捕获昆虫，主要为蜜蜂。在吞吃之前，它们会在坚硬的表面上撞击猎物，从而除去螫针和毒液。

在树上和地面上
树栖犀鸟偏爱果实。而地栖犀鸟用嘴啄击杀死猎物，从节肢动物到小型的脊椎动物，都是它们的美食。

在水中
翠鸟闭上眼睛，挺直身子潜入水中捕获鱼类作为自己的佳肴。离开水面后，又飞回出发的树枝，将猎物一口吞食。

翠鸟

门：脊索动物门

纲：鸟纲

目：佛法僧目

科：翠鸟科

种：92

起初所有的种类都被归为翠鸟科，但现在它们被分为3个不同的科。一般头部很大，喙长而尖，羽毛鲜艳夺目。通常雄鸟和雌鸟没有明显的区别。它们经常从树枝上迅速潜入水中捕获各种猎物。大部分生活在热带地区。

Ceyx erithacus

三趾翠鸟

体长：12.5 厘米
体重：14 克
社会单位：独居
保护状况：无危
分布范围：东南亚

三趾翠鸟又称黑背翠鸟，生活在热带雨林中的小溪旁。有两种颜色：一种色彩较暗（生活在其分布区的北部）；另一种则色彩斑斓，但是主要为红色，分布于南部。以鱼类、甲壳类、蜘蛛、蚱蜢和飞蚁为食。当它们在树枝上休息时，会保持身体挺立，嘴朝上或者朝前。它们的巢穴是一个水平的通道，在尽头有一个厅室。雌鸟便在此产下2~7枚卵，并孵化17天。3周之后，这些雏鸟便可离开巢穴。

羽毛
黑色和蓝色的羽毛使它明显区别于棕背三趾翠鸟。

Megaceryle maxima

大鱼狗

体长：42~48 厘米
体重：355 克
社会单位：独居
保护状况：无危
分布范围：非洲，撒哈拉南部

大鱼狗栖息于湿地地区，以虾、蟹和鱼类为食。与该科的其他种类相比，它们的羽毛不够鲜艳，且略显粗糙。雄鸟胸部为红色，而雌鸟的腹部为红色。它们信守一夫一妻制。繁殖期间，夫妻在峭壁上开挖通道，并把巢设在通道尽头的小厅室里。亲鸟共同孵化和哺育雏鸟，但事实上，雄鸟为家庭贡献更多的食物。

Ispidina picta

粉颊小翠鸟

体长：12~13 厘米
体重：11~19 克
社会单位：独居
保护状况：无危
分布范围：撒哈拉以南的非洲地区

粉颊小翠鸟已经适应于各种环境，如森林、大草原和沿海林地。和翠鸟科其他种类不同，它们的基本饮食并不是鱼类。因此，它们经常到远离水域的地方。它们主要以昆虫为食，从树枝上俯冲到地面捕获猎物，或者直接在飞行过程中捕获猎物，甚至有时也以爬行动物和两栖动物为食。其叫声音调很高，类似于昆虫的叫声。信守一夫一妻制，而且具有很强的领地意识。在峭壁上开挖巢穴。间断性产卵，每次产3~6枚卵。如果因各种原因而食物匮乏，只有适应能力最强的雏鸟才能够生存下来。由夫妻双方共同孵卵，孵化18天。14~18天之后，雏鸟离开巢穴并很快独立。

彩色的嘴
红嘴的粉颊小翠鸟以昆虫为食，而黑嘴的粉颊小翠鸟则以水生动物为食。

鲜明的特征
两颊呈紫色，头顶的羽毛为蓝色。

Megaceryle torquata

棕腹鱼狗

体长：36~41 厘米
体重：250~330 克
社会单位：独居
保护状况：无危
分布范围：从美国南部到火地岛

棕腹鱼狗栖息于植物茂盛的广阔水域，如小溪、河流、湖泊、池塘、沼泽和湿地附近，甚至市郊或者城市。雄鸟和雌鸟颜色不同，雌鸟胸部为灰色，一条白色带状条纹将其与红褐色的腹部区分开来。声音响亮，与拨浪鼓的声音类似。因此，在其分布区尤其是在阿根廷享有盛名。常年居住在同一地方，不能容忍同种类出现在自己的领地，异性除外。它们以长约 9 厘米的鱼为食。鱼的体形和它们喙的大小（长度、宽度和厚度）密切相关。当发现猎物时，它们会向其俯冲，但并不潜入水中；为了避免被宽吻鳄、水虎鱼以及其他大型鱼类夺走猎物，它们会立即（不到一秒钟）离开水面。有时，它们也会吃虾蟹、小型哺乳动物、昆虫、爬行动物和一些水果。繁殖期间，夫妻双方合作筑巢，其巢穴一般由一条通道和一个小厅室组成，雌鸟常在此产 3~6 枚卵。此外，亲鸟共同承担孵化和哺育雏鸟的工作。在其分布区总共有 3 个种类。

喙的最高纪录
新热带界喙最大的翠鸟。利于捕获体形更大的鱼。

Megaceryle alcyon

白腹鱼狗

体长：28~35 厘米
体重：140~170 克
翼展：48~58 厘米
社会单位：独居
保护状况：无危
分布范围：从阿拉斯加到南美洲北部

白腹鱼狗体形中等，肥胖，有长长的羽冠，喙为黑色，且非常坚固。雌鸟的羽色比雄鸟鲜艳。生活在内陆或者沿海的水域，基本以捕鱼为生。同样也吃两栖动物、甲壳类、爬行动物和小型的哺乳动物。捕鱼时并不完全潜入水中。领地意识很强，有些种类会迁徙。雄鸟和雌鸟合作，在河流边开挖通道，营建自己的巢穴。其身体构造非常利于此项工作：两只脚趾并合于足部，挖穴时相当于一把铲子。其巢穴一般都建在高高的斜坡上，极有可能是为了避免雏鸟被洪水溺死。雌雄亲鸟合作孵化 5~8 枚卵，并共同哺育雏鸟。和其他以鱼为食的鸟类不同，它们受污染物的影响较小，可能是因为它们只吃一些小鱼。但是，它们对于人类的打扰非常敏感，尤其是在繁殖期间。

Alcedo atthis

普通翠鸟

体长：16 厘米
体重：23~25 克
社会单位：独居
保护状况：无危
分布范围：欧洲、亚洲和非洲北部

普通翠鸟生活在水流和缓清澈且沿岸植被茂盛的地区。营巢期，在峭壁上建造自己的巢穴。潜入水中 1 米深的地方捕获鱼类，之后扇动翅膀飞回水面。常在栖息架上窥伺猎物，有时也会在空中伺机而动。与雄鸟不同，雌鸟下颌呈黄色。

Halcyon senegalensis

林地翡翠

体长：20~23 厘米
体重：40~65 克
社会单位：独居
保护状况：无危
分布范围：非洲热带地区到撒哈拉南部

林地翡翠身材中等，生活在牧草丰盛的地方，栖息地多为水域沿岸或者森林，尤其是有合金欢属植物的地区。有时甚至生活在市镇附近，但是它们不会生活在气候干旱的地区。分布区南北两端的翠鸟会迁徙，但是从来不会离开非洲大陆。虽然有时会发现一小群林地翡翠，但是它们一般喜欢独居。它们的领地意识很强，会顽强地保卫自己的栖息地，当人类靠近它们的巢穴时，它们甚至会攻击人类。性别差异不大，但是雏鸟和成鸟有很大的区别，雏鸟羽色更为灰暗，且喙为栗色。整体为蓝色，肩胛和初级飞羽呈黑色。眼睛周围到鼻孔的地方同样呈黑色，像一张黑色的面具。直线飞行，行动敏捷。在天然树洞或者啄木鸟（啄木鸟科）和须䴕（须䴕科）挖的树洞里筑巢。极少数情况下，直接在地面上挖洞安家。其巢穴至少会重复利用 4 个时节。一般产 2~4 枚白色圆形卵。孵化持续 13~14 天。雏鸟出生时带有灰色的绒毛，15~24 天后离开巢穴，但它们仍然需依赖亲鸟 5 周，直到能够完全独立。以大型昆虫（蝗虫、蚱蜢、蜜蜂、蝉、跳蛛、薄翅螳螂、蝴蝶、甲壳类幼虫、蚂蚁）、两栖动物、爬行动物、小鸟（特别是文鸟属和奎利亚雀属）和小型哺乳动物（鼠科）为食。甚至有资料显示，它们也吃蝙蝠。常从 2.5 米高的树枝上出发捕食猎物。在地面或飞行中捕获目标猎物，如飞蚊。有 3 个亚种（*H.s.senegalensis,H.s.fuscopilea,H.s.cyanoleuca*）。求偶期间，经常进行引人注目的表演，竭尽全力展示体羽内侧的白色羽毛。

显著特征
林地翡翠翅膀上有白色补丁状的纹饰，求偶时张开翅膀便能看见。

坚硬的喙
喙长且尖，基部较宽。是非洲翠鸟中唯一拥有双色喙的鸟：上颌为红色，下颌为黑色。

Chlorocerlye amazona

亚马孙绿鱼狗

体长：29~30 厘米
体重：110 克
社会单位：独居
保护状况：无危
分布范围：墨西哥到阿根廷北部

亚马孙绿鱼狗属于水生翠鸟科绿鱼狗属。和该属里的其他 8 种绿鱼狗一样，专以鱼类为食。它是绿鱼狗属中体形最大的鸟类。头上的冠毛非常有特点，同背羽一样，呈暗绿色。雄性胸部呈红色，而雌性则为断断续续的绿色。腹部为白色。一夫一妻制，旱季在海岸边的峭壁上哺育雏鸟，因在这一时期，巢穴被洪水淹没的风险较小（至少在它们的居住地是这样）。经常在地下建巢。它们的巢穴一般为 1.6 米深的通道，直径约为 10 厘米。经常会在来年利用同一巢穴。产 3~4 枚椭圆形的卵。孵化工作一般持续 22 天。雄鸟和雌鸟合作共同完成孵化和哺育雏鸟的任务。但是，雌雄亲鸟的精力消耗是不同的，这与它们所在捕鱼区的猎物的质量相关。如果在产卵前鱼群便匮乏，它们就会选择延迟产卵。雏鸟出生后 5 天睁开眼睛。19 天后羽翼就已丰满，同时也显现出了它们特有的冠毛。24 天后，它们将进行初次试飞。它们从栖息架出发，假装“卖弄风情”来迷惑猎物，从而锁定其位置，然后振翅直接向着猎物俯冲而去。一般完全潜入水中捕获猎物，然后迅速飞回到树枝，并用力在树枝上撞击猎物直到其窒息而亡。

特有的喙
喙呈黑色，是亚马孙绿鱼狗的重要特点。

Halcyon smyrnensis

白胸翡翠

体长：28 厘米
体重：70 克
社会单位：独居
保护状况：无危
分布范围：欧亚大陆，从土耳其经南亚直到菲律宾

白胸翡翠是一种体形较大的翠鸟，栖息于比较开阔的地方。但是，也有生活在喜马拉雅山脉海拔2500米的记录。虽然有些种类会迁徙，但是一般都喜定居。由于飞行速度快而且喙比较坚实，它们的天敌非常少。它们的食谱包括爬行动物、两栖动物、蟹虾、小型啮齿目动物，甚至还有一些鸟类。雏鸟的食物多为无脊椎动物。繁殖期间，经常会听到它们的叫声，尤其是清晨。雄鸟会站在较高的栖息架上，甚至是在屋檐上，试图吸引雌鸟的注意。此时该物种的范围正在扩大。季风开始时，它们就进入了繁殖期。巢穴位于一条 50~150 厘米深的通道底部，雌鸟会在此产 3~5 枚卵，15 天之后，雏鸟将破壳而出，并在巢穴里继续生活 19 天。

Chlorocerlye aenea

侏绿鱼狗

体长：13 厘米
体重：18 克
社会单位：独居
保护状况：无危
分布范围：美洲，从墨西哥到巴西

侏绿鱼狗是一种定居性的鸟类，一般生活在河流沿岸的茂密丛林中。它们停歇在水面附近的低矮树枝上，伺机而动捕食鱼类。为了捕获猎物，它们会潜入水中。有时也会在飞行过程中捕食昆虫。雄鸟和雌鸟的羽色不同。巢穴大多是一些峭壁上 40 多厘米深的水平通道，但有时也会利用树干上的白蚁的巢穴。雌鸟和雄鸟合作完成洞穴的开挖工作。雌鸟一般产 3~4 枚白色圆形卵。雌雄亲鸟共同孵卵，但孵化时间不详。幼年雌鸟和成年雌鸟不同，胸部没有条纹，且腹部为更鲜艳的红色。有 2 个亚种：*Chloroceryle aenea aenea*，其翅膀上有 2 条白色的细条纹；*Chloroceryle aenea stictoptera*，尾羽下有 3~4 条点状的条纹和 1 个白色的斑点。这两个亚种都分布于哥斯达黎加。

Todiramphus sanctus

白眉翡翠

体长：19~23 厘米
体重：65 克
社会单位：独居
保护状况：无危
分布范围：大洋洲（澳大利亚、新西兰、塔斯马尼亚岛）

白眉翡翠翅膀上有一大片白色斑纹，是由初级飞羽的基部形成的。可以在各种环境中生存，从沿海地区到内陆的公园和花园，尤其喜欢红树林、热带雨林和河谷地区。在澳大利亚，经常出现在蓝桉树林中。领地意识不强。各种小型哺乳动物都有可能成为其美食。老鼠是它们最喜欢的猎物，但是它们也会捕食一些小型的鸟类、蜥蜴和较大的昆虫。鱼类只占据它们丰富食谱的一小部分。在含黏土的峭壁、树洞或蚁穴中筑巢。挖洞时，它们会直接飞到已经选好的地点，然后伸长脖子，用其坚硬的喙直接撞击底土。雌鸟产 5 枚卵，然后负责雏鸟的孵化工作。它们经常会进行长达 3800 千米的长途迁徙。

喙和脚
利用喙和脚开挖通道。

Pelargopsis amauroptera

褐翅翡翠

体长：35 厘米
体重：160 克
社会单位：独居
保护状况：近危
分布范围：东南亚（孟加拉国、印度、马来西亚、缅甸和泰国）

褐翅翡翠为树栖性翠鸟（翡翠科），生活在热带和亚热带的红树林里。褐色的翅羽同肉桂色身体形成鲜明对比，喙粗大，脚呈红色。眼睛为棕色。尾羽较短，头部有密集的羽毛。雄鸟和雌鸟相似。飞行能力强，擅于上下飞和直飞。一夫一妻制，领地意识强。有时会看到其将老鹰或其他大型鸟类赶出自己的领地。在洞穴产卵，由雌雄亲鸟共同孵化和哺育雏鸟。和同科的其他种类一样，它们并不专以鱼为食。它们的食谱以无脊椎动物和小型的脊椎动物为主，还包括其他鸟类的幼雏。由于它们主要的栖息地——红树林的局限性，褐翅翡翠的总数量相对较少。由于红树林的破坏，它们现在的生存状态非常脆弱，面临灭绝的危险。

Dacelo novaeguineae

笑翠鸟

体长：43~57 厘米
体重：350~453 克
翼展：66 厘米
社会单位：群居
保护状况：无危
分布范围：澳大利亚东部

笑翠鸟因其叫声和人的笑声极为相似而得名。第一批抵达的殖民者甚至认为，这些鸟是用这样的叫声嘲笑他们的到来。身体强壮，背羽为棕色，胸部呈灰白色，尾羽上有暗色条纹。一个非常有特色的黑色“面罩”围绕在眼睛周围。喙又粗又长，非常坚实。领地意识很强，不进行迁徙，一整年都待在自己的领地。一夫一妻制，4 岁时性成熟。雌鸟在树洞里产 2~3 枚卵，孵化期为 23~24 天。通常情况下，生产的“夫妇”有自己的帮手，一般为雄鸟，合作养育雏鸟。一般一次有 3 只雏鸟孵化成功，雏鸟刚出生时，眼睛紧闭，全身光滑无毛，体形同成年笑翠鸟相似。如果雌鸟没有找到帮手同自己一起哺育雏鸟，那么最小的雏鸟就会经常被自己的兄弟姐妹吃掉。上颌弯钩似乎就是为了这一目的而存在的。产卵一般不同时（尤其是在食物匮乏的时候），这样是为了保持一窝中有大小不同的雏鸟，但是在一些迫不得已的情况下，雏鸟体型的大小不一更有利于互相残杀。有些社交能力强的夫妻甚至可以找到 6 个帮手。35 天后，幼鸟离开巢穴，并在 2~3 个月后完全独立。以其他鸟类、蛇、蜥蜴、昆虫和小型哺乳动物如老鼠为食。它们单纯并对人类毫无戒心，因此常常能够偷到公园里桌子上或篮子里的食物。

肌肉发达的脖子
它们肌肉发达的脖子在捕获猎物的过程中起到了重要作用。

一种歇斯底里的笑声
它们准时在清晨和午后鸣叫。因此，它们也被当作农夫们的闹钟。

Dacelo leachii

蓝翅笑翠鸟

体长：38~40 厘米
体重：310 克
社会单位：群居
保护状况：无危
分布范围：澳大利亚和新几内亚岛

蓝翅笑翠鸟是体形最小的笑翠鸟。雄鸟和雌鸟尾羽颜色不同。栖息在开阔的热带和亚热带丛林、湿地和田野里。经常在树叶丛中保持静止不动，因此经常不被察觉。以蚯蚓、昆虫、小型哺乳动物和鸟类为食。它们把大型猎物撞向树枝或者柱子直到杀死。它们会反刍颗粒状呕吐物（猎物未被消化的部分）。在树洞或者蚁穴筑巢，并产 2~5 枚卵。雌鸟和雄鸟孵化 26 天后，雏鸟破壳而出。前一窝的幼鸟会帮助父母一起完成孵化和照顾雏鸟的工作。

Actenoides concretus

栗领翡翠

体长：22~25 厘米
体重：59~90 克
社会单位：独居
保护状况：近危
分布范围：东南亚

栗领翡翠生活在热带和亚热带山地或低地地区的湿润丛林里。可在海拔 1700 米的原始或者中生代雨林生存。身材中等，尾羽短而密，头大。羽毛色彩斑斓，腹部橙色和红色的羽毛同蓝色的背羽对比鲜明，使其显得更为耀眼。面部有黑色“面罩”。雌鸟的冠毛为绿色，而雄鸟的冠毛则为蓝色。喙呈双色：黄色和蓝色。一夫一妻制，领地意识强。在洞穴里筑巢，不铺垫任何其他材料。雌鸟和雄鸟合作孵化和哺育雏鸟。间歇性产卵，因此，如果食物匮乏，最小的雏鸟常会被饿死，然后其他幼鸟会将其吞食。主要以大型蝎子、鱼类、蜗牛、小型蛇类和蜥蜴为食。有时我们会看到它们在地面上翻动树叶寻找食物。

Syma torotoro

黄嘴翡翠

体长：20 厘米
体重：40 克
社会单位：独居
保护状况：无危
分布范围：新几内亚岛和澳大利亚北部

黄嘴翡翠为树栖性，中等身材，羽毛颜色多样，灰色的背部和蓝色的尾巴同鲜艳的胸部和腹部形成鲜明对比。头部为橙黄色，颈部有黑色斑点，喉部为白色。成年黄嘴翡翠的喙为橙色，而青年黄嘴翡翠的喙则为暗灰色。它们以大的昆虫、蚯蚓、蜥蜴和卵为食。捕猎时，同它们的近亲一样，从栖息架上出发直接冲向猎物。在树上或者蚁穴里筑巢，并产下 3~4 枚卵。雌鸟和雄鸟都参与孵化工作。刚出生的雏鸟，眼睛紧闭，身体光滑无毛，显得非常柔弱。生活于热带雨林、季风丛林或者林地的边缘。分布区域内由 3 个或 4 个亚种组成一个属，会和山黄嘴翡翠（***Syma megarhyncha***）交配、繁殖，形成新的物种，二者关系紧密。

Tanysiptera danae

褐背仙翡翠

体长：25~28 厘米
体重：44 克
社会单位：独居
保护状况：无危
分布范围：巴布亚新几内亚

褐背仙翡翠是巴布亚新几内亚特有的鸟类。生活在热带和亚热带雨林，甚至是在海拔 1000 米的温带丛林里。成年褐背仙翡翠因其红色和棕色的羽毛及各种蓝色色调而与众不同。中间尾羽非常长，甚至比身体的其他部位都要长很多。一夫一妻制。与其同属的其他种类一样，夫妻双方合作在地面上的蚁穴里开挖隧道筑巢，一般来讲，隧道深度低于 50 厘米。为了捕食，常在暗中埋伏以待，观察那些无脊椎动物和小型脊椎动物的动静。其日常饮食还包括昆虫、蜥蜴和蛙类。

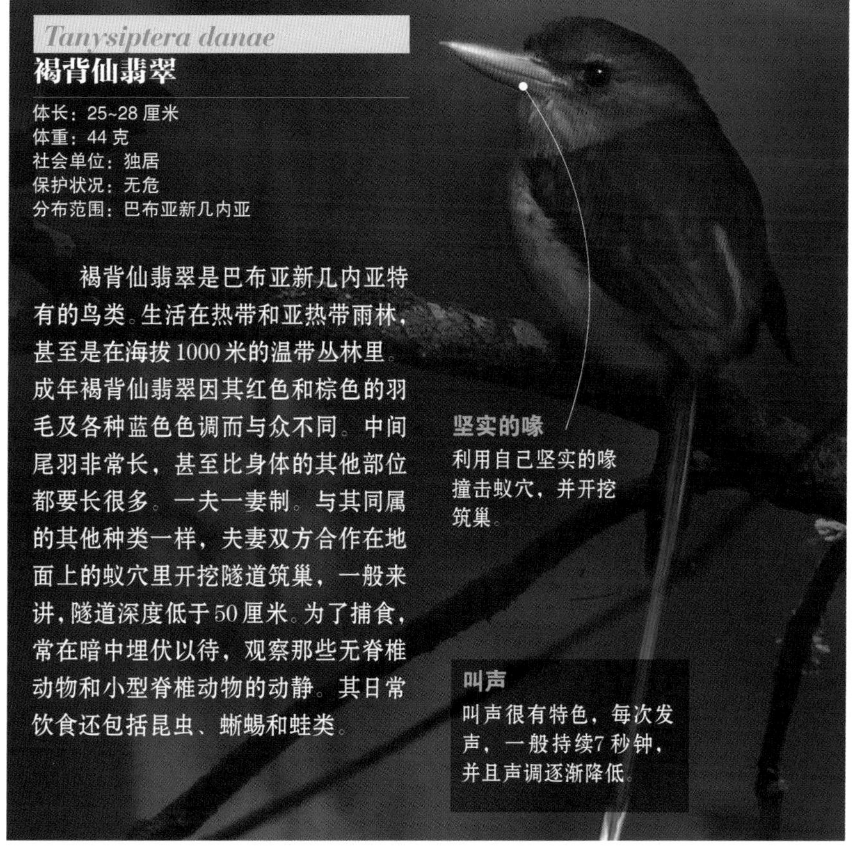

蓝色光芒

它们独居，并且具有强烈的领地意识，为了捍卫自己的生存空间，不惧同敌人展开激烈的斗争。每只普通翠鸟掌控着 1 千米长的河流，它们在各自的领地里捕鱼，从栖息架出发，迅速向猎物俯冲。羽色鲜艳夺目，身手敏捷，但在哺育雏鸟的时候，它们会退去一身的攻击性。

会游泳的鸟
它们能够快速进入水中，并立即捕获一些小鱼。这些猎物，它们在高处的栖息架上已窥伺多时。

一个粗心的观察者很难发现它们的存在，也许只会看到一道蓝色的光芒从茂密的树叶中飞速冲到水里，几秒钟后又回到出发地。普通翠鸟（*Alcedo atthis*）就是这样以惊人的速度行动，只给我们留下绿松石划过般的印象。经常出现在欧洲、亚洲、非洲的一些湖泊和河流附近，它们在人类野心勃勃的羽毛贸易中幸存，同时也成功地适应着城市化的不断扩展。为了生计，它们现在唯一迫切需要的就是含有丰富可食用鱼类的清澈溪水。仔细观察，你会发现翠鸟是十分令人惊叹的。它们的羽毛色彩斑斓，光怪陆离，难以形容：微小的羽毛结构，因观察者所处的位置不同，而散发出或宝石蓝或祖母绿般的光彩。羽毛的色泽同橙色的脚（雌鸟的喙也为橙色）对比鲜明，在其种群中像耀眼的明星，不容忽视。

几个世纪以来，它们的羽毛曾经被大肆贩卖，就好像钻石一样被人们重视并且逐渐商业化。在西方，用翠鸟的羽毛装饰首饰、扇子、屏风的现象从2000多年前就开始了，并一直持续到20世纪初。如今，这种时尚的怪癖已经不会再让翠鸟陷入危险之中了，该物种已被世界自然保护联盟列为无危物种。这是一个喜独居的种群，并且领地保护意识很强。为了保卫自己的活动领域，它们会和同伴合作同敌人展开激烈的战斗。这是因为，每只普通翠鸟需要控制约1千米长的河流来满足每天的食物需求：其体重的60%左右都是它们食用的鱼的重量。因此，不论是雄鸟还是雌鸟，都竭尽全力守卫自己的领地。当有敌人闯入时，就会发生武力冲突，它们会不断追踪啄击对手。如果敌人比较顽固，那么这场战斗的结局将会非常惨烈：对立的双方用力钩住彼此的喙，在岸边继续打斗，直到一方把另一方淹没在水下。

细心的父母
刚孵化完的亲鸟为照顾自己的雏鸟，投入了大量的时间和精力。每天要为它们提供50多只猎物。

当没有发现竞争者和捕食者时，普通翠鸟就可以全心全意地投入到它们擅长的活动中了。正如它们名字所指的那样（翠鸟又称鱼狗），它们是捕鱼能手。它们的技巧不会失灵：停歇在河边的树枝上，聚精会神地观察水面，一直到察觉有鱼的动静，于是，闭上眼睛迅速俯冲捕获猎物，它们甚至能够潜到水中半米深的地方。它们会用2秒钟的时间敏捷地返回出发地，把鱼撞向树枝，然后将其全部吞掉。随后它们会将没有消化的骨头吐出来。

繁殖期间，它们会结为一夫一妻制的伴侣，只有在这个时候，普通翠鸟才不再独居。雄鸟一边不断鸣叫，一边扑向已经选好的雌性对象，表明它们想要同其结为伴侣的愿望。如果雌鸟接受，雄鸟会送它一份新鲜的鱼肉作为礼物。新结成的伴侣有时重复使用旧巢穴，有时也会建造自己的新家。新家一般选择土壤比较松散的地区，要么是方便觅食的水源附近，要么是远离河岸的地方，可避免被河水冲毁。巢穴的隧道和小厅室的建造工作一般会持续2周。

经过亲鸟3周的孵化，雏鸟便破壳而出。刚出生的雏鸟全身光滑无毛，肤色介于粉色和蓝色之间。它们用嘴把反刍的球状荆棘捣碎，当作床垫，这些雏鸟便在这里成长，在黑暗中被哺育20多天。亲鸟会为它们提供大小适宜的猎物，方便其一口吞掉，就像它们成年后将会一口吞掉整条更大的鱼一样。

尽管有亲鸟的悉心照料，但是幼鸟的成活率还是得不到保障。事实上，在一窝5~7只的雏鸟中，只有2只能够活到成年。死亡的主要原因一是来自捕食者的威胁，一是初次尝试捕鱼时溺水。不论怎样，该物种已远离危险，适应了周围的人类环境。它们的出现是一个非常有利的标志：翠鸟是良好生态系统的指示标。

佛法僧科

门：脊索动物门

纲：鸟纲

目：佛法僧目

科：2

种：17

它们生活在旧世界，是我们所知的最耀眼的鸟类之一。羽毛稠密且五彩斑斓，其中最主要的颜色为蓝色。雄鸟与雌鸟相似。除了一些物种生活在热带雨林外，大部分生活在比较开阔的地区和树木繁茂的热带草原。繁殖期间，它们会进行引人注目的空中表演。

Coracias caudata

燕尾佛法僧

体长：28~30 厘米
体重：87~135 克
社会单位：独居或者成对
保护状况：无危
分布范围：非洲南部

燕尾佛法僧是佛法僧科最具代表性的鸟类之一。冠毛为亮丽的橄榄色，背部为棕色，尾部为深绿色，外部尾羽很长。两颊为桂皮色，腹部、喉部、颈部和胸部都呈紫色，羽尖呈白色。肚子和尾巴内侧为天蓝色。翅膀呈蓝色、天蓝色和黑色。幼鸟和成鸟相似，但是没有长长的尾羽。喜欢生活在开阔的树林和热带草原，它们会利用那里不同的树枝进行狩猎。从栖息架冲向地面，捕获猎物，其主要的猎物为蝗虫、蚱蜢、蟋蟀、蝴蝶、蚂蚁、蜘蛛和小型的脊椎动物（如青蛙）、蜥蜴和其他鸟类。一般在天然树洞筑巢，产 2~4 枚卵，并由伴侣双方共同孵化 23 天。在这段时间里，它们的领地意识会变得更加强烈，并具有一定的侵略性，这不仅是为了保护自己的巢穴，也是为了保护自己的雏鸟。

该物种分布广泛，且数目庞大，因此，不存在急需保护的问题。

彩色的胸脯
舒展的白色羽毛，使其与其他种类相比，独具一格。

鲜艳的色调
所有的佛法僧科鸟类都具有光彩夺目的羽毛，其中最突出的就是天蓝色和蓝色。

尾羽
外侧尾羽很长，颜色比尾巴的其他部分都暗。

对抗部署
为了宣示自己的领地主权，它们会飞向高空，然后极速向下俯冲。

Coracias garrulus

蓝胸佛法僧

体长：31~32 厘米
体重：127~160 克
社会单位：群居
保护状况：近危
分布范围：非洲南部、欧洲和亚洲东部

蓝胸佛法僧的羽毛整体呈蓝色，背部为栗色，这一颜色搭配使它们明显区别于其他种类。雌鸟、雄鸟以及幼鸟都很相似，只是幼鸟的色泽更为暗淡。

生活在有栎树或者松树的开阔地区，以及农田和树木稀疏的平原地区。经常停歇在视野开阔的高处，如电线等。在那里它们既可以捕获地面上的猎物，也可以在飞行中捕食。主要以无脊椎动物为食，其中包括甲虫、蟋蟀、蝗虫和蚱蜢，同时也吃蜥蜴、蛇、老鼠和一些鸟类，有时候还啄食水果。一夫一妻制，领地意识很强。它们会进行一系列的战略部署，首先盘旋飞向高空，然后以高难度的动作极速向下俯冲，同时发出刺耳的鸣叫，就像乌鸦的“哇哇”声。在树洞或者多岩石的地方筑巢。雌鸟一般产 4~5 枚卵，孵化期为 17~19 天。尽管雏鸟刚出生时，眼睛紧闭，全身赤裸无毛，但是它们很快就会羽翼丰满，并且可以飞行。但成鸟仍然要继续喂养它们 3 周。盛夏时期，栖息在南欧和亚洲，并在那里产卵繁殖，之后顺利飞到非洲的东南部，并在那里过冬。它们的迁徙是最为壮观的鸟类迁徙之一。有些鸟甚至能飞 1 万千米左右。

壮观的飞行
当它们迁徙经过索马里时，可以看到有4 万~5 万只蓝胸佛法僧飞翔在高达 3000~5000 米的高空，而且只需短短的几个小时。

Eurystomus glaucurus

阔嘴三宝鸟

体长：27~29 厘米
体重：84~149 克
社会单位：群居
保护状况：无危
分布范围：非洲中部和南部

阔嘴三宝鸟的头部和背部为金黄桂皮色，尾部、翅膀呈蓝色。喙短、宽且非常坚硬，呈鲜艳的黄色。雌鸟和雄鸟相似。

一般栖息于有高大树木的森林、热带草原和耕地。同时也沿水域或海边滩涂分布，甚至出现在海拔 2500 米以上的都市。经常长时间静止不动地停歇在开阔的高处。在天黑之前，很多阔嘴三宝鸟聚在一起捕食蚂蚁和白蚁。除了偶尔吃一些蟋蟀、蚱蜢、蜘蛛、甲虫和其他昆虫外，蚂蚁和白蚁几乎占据了它们饮食的全部。信守一夫一妻制，领地意识强，在捍卫自己的领地时具有攻击性。在棕榈树或其他高大乔木的树洞中筑巢，之后产 2~3 枚卵。

Eurystomus gularis

蓝喉三宝鸟

体长：25 厘米
体重：82~117 克
社会单位：独居或成对
保护状况：无危
分布范围：非洲中部和东部

蓝喉三宝鸟整体上呈金黄色，喙为浅黄色，喉咙、翅膀和尾巴为蓝色。幼鸟和成年鸟相似，只是羽色更为暗淡。

栖息于热带雨林、中生代次生林、种植园以及树木繁茂的热带草原。它们几乎只以在飞行中捕获的昆虫为食，主要为蚂蚁，少数情况下，会吃一些小的水果，还有蜈蚣、青蛙等。晚上，经常聚成一些小团体，它们会和其他佛法僧科鸟类一起过夜。信守一夫一妻制，在繁殖期间，竭尽全力保卫自己的领地。求偶过程包括一系列多变的高难度空中表演，同时伴有响亮的叫声。在高处筑巢，如枯死的树木的树洞，之后产下 2~3 枚卵。可以在当地进行季节性迁徙。

Brachypteracias leptosomus

短腿地三宝鸟

体长：30~38 厘米
体重：183~217 克
社会单位：独居
保护状况：易危
分布范围：马达加斯加东部

短腿地三宝鸟的身材又矮又胖，头大脖子短。背部为绿色和棕色，颈部为紫色，有光芒。尾羽的尖端呈白色。头部为棕栗色，有一道显眼的灰白色眉毛，脸颊上有白色的斑点。喉咙上有白色的新月形图案，下面一道棕色条纹一直延伸到侧边的翅膀。

栖息于海拔 1500 米的热带雨林。经常长时间地在栖息架上保持不动。在丛林间不断飞行寻找食物，主要为无脊椎动物，如蚂蚁、甲虫、蜈蚣等。同时也会吃一些小的脊椎动物，如青蛙、壁虎、蜥蜴和蛇。在一些天然洞穴或者附生植物的根部筑巢，然后产下 1~2 枚卵。

犀鸟

门：脊索动物门
纲：鸟纲
目：佛法僧目
科：犀鸟科
种：54

它们栖息于非洲南撒哈拉和东南亚地区，嘴巴呈巨大的弓形，头上经常有和嘴巴一般大小的盔突。为了繁衍后代，雌鸟一般会和雏鸟一起躲在洞内。这一时期也是它们的换羽期，不能飞行。在孵化和哺育雏鸟期间，雄鸟通过一个狭小的缝隙为它们提供食物。

Tockus erythrorhynchus

红嘴弯嘴犀鸟

体长：35 厘米
体重：90~220 克
社会单位：群居
保护状况：无危
分布范围：非洲中部和南部

红嘴弯嘴犀鸟整体呈灰白色，脖子上有长长的暗色羽毛。虹膜呈黄色，嘴为红色，下颌基部为黑色。翅膀呈棕色，上面分布着粗大的白色斑点。生活在海拔 2100 米的树林、开阔的热带草原和灌木丛。

主要用喙刨土觅食。其食物主要为蚱蜢、甲虫、白蚁和其他昆虫。同时也会吃一些小型的脊椎动物，如蜥蜴和哺乳动物。有时也会吃少量的果实和种子。在繁殖期，领地意识变强且具有攻击性。

在天然的树洞筑巢，雄鸟会用绿树叶和草铺好巢穴。雌鸟在巢穴里产下 2~7 枚卵，孵化期为 23~25 天。40~50 天之后，幼鸟就有条件离开巢穴，但是仍然会继续同亲鸟共同生活几个月。旱季到来时，它们会组成群体（有时候数量非常大），在当地四处飞行寻找食物。

红嘴
红色的喙使它区别于与它非常相似的黄弯嘴犀鸟，后者的喙呈黄色。

孵化
同大部分巨嘴鸟和犀鸟一样，红嘴弯嘴犀鸟的洞穴也用泥巴、植物和唾液的混合物封起来，只留下一个小小的缝隙供雄鸟把食物传递给雌鸟。

Tockus albocristatus

白冠弯嘴犀鸟

体长：70 厘米
体重：276~315 克
社会单位：独居或者成对
保护状况：无危
分布范围：非洲中部和东部

白冠弯嘴犀鸟几乎全为黑色，冠毛和颈部为白色，但羽毛尖端仍为黑色。尾巴很长，且呈阶梯状，尾梢为白色。喙为黑色，但其基部呈乳白色。

生活在从海平面到海拔 1500 米的茂密丛林。经常会跟着猴群，在它们身后以昆虫、蜘蛛、蜥蜴和蛇为食。它们很少到地面上活动。繁殖情况不详。在天然的树洞或者棕榈树树干上筑巢，高度一般为 10~15 米，雌鸟在那里产下 2 枚卵。

Tockus nasutus

黑嘴弯嘴犀鸟

体长：45~51 厘米
体重：163~258 克
社会单位：独居或成对
保护状况：无危
分布范围：非洲中部和南部

黑嘴弯嘴犀鸟整体上呈灰色，头部颜色更黑，白色的眉毛一直延伸到脖子旁边。它们栖息于热带草原、开阔的林地以及毗邻草原的茂密森林。它们是杂食性鸟，但最喜昆虫，如蚱蜢、甲虫和螳螂；同时也吃青蛙、蜥蜴、其他鸟类的雏鸟以及水果。主要在树上进食，有时也会下到地面觅食。在树洞中筑巢。产 2~5 枚卵，然后孵化 25 天左右。

与众不同的嘴
嘴上的条纹使它们区别于其同种类的其他犀鸟。

Tockus hartlaubi

黑弯嘴犀鸟

体长：32 厘米
体重：83~135 克
社会单位：独居或成对
保护状况：无危
分布范围：非洲中部和西部

黑弯嘴犀鸟是一种体形较小的犀鸟，颜色主要为黑色。大的喙呈灰白色，嘴尖有点发黄，有宽宽的亮色眉毛。虹膜为暗栗色。眼睛周围赤裸无毛，呈黑色。

栖息于常年生丛林或地道中，不常去林地退化地区。主要以大型的昆虫为食，尤其是甲虫，也会吃毛虫、蜘蛛，少数情况下会吃水果。

它们喜定居，有领地意识。在高高的树干或树枝上的洞穴筑巢。雌鸟会产下 4 枚卵，雌雄亲鸟共同哺育雏鸟。孵化期和雏鸟留巢期不详。

Anthracoceros coronatus

冠斑犀鸟

体长：65 厘米
体重：808 克
社会单位：独居或成对
保护状况：近危
分布范围：印度中部和南部、斯里兰卡

冠斑犀鸟整体呈黑色，腹部为灰白色，嘴呈黄色，并有黑色的冠毛。生活在落叶林和多年生植物林边缘。也会去种植园，甚至居民区附近。吃在树丛中获取的水果、昆虫和小型脊椎动物。有时也会下到地面活动。在树洞中筑巢，雌鸟会在巢穴中产下 2~3 枚白色的卵。森林的开发和人口的增加使它们赖以生存的树林逐渐减少和分散。

Aceros nipalensis

棕颈犀鸟

体长：0.9~1 米
体重：2.3~2.5 千克
社会单位：成对或群居
保护状况：易危
分布范围：印度东北部、中国、尼泊尔、缅甸、泰国、老挝和越南

棕颈犀鸟是最耀眼夺目的犀鸟之一。嘴呈黄色，上面有黑色的直线。雄鸟为黑色，头部、脖子和腹部为栗色，雌鸟全部为黑色。雌鸟和雄鸟的翅羽尖端都为白色。喉部无羽毛，呈红色；喙的基部也无羽毛，呈紫色和蓝色。生活在沿山的茂密落叶林中。在空中进食，很少下到地面上来。以水果为食，主要为无花果和杧果。在高大树木上的天然树洞筑巢，雌鸟在巢穴产 1~2 枚卵。它们喜定居，尽管有时候会在当地随着饮食种类的变化而进行季节性的迁徙。

它们面临的主要问题是栖息地的分散和人类对栖息地的乱砍滥伐。人类对棕颈犀鸟的捕食和贸易对它们的生存来说也是一个严重的威胁。

独特的喙
喙上分布的垂直黑色线条是它们与众不同的特色。

Buceros bicornis

双角犀鸟

体长：0.95~1.05 米
体重：2.1~3.4 千克
社会单位：成对或群居
保护状况：近危
分布范围：印度、马来半岛和苏门答腊岛

双角犀鸟是一种体形庞大的犀鸟，整体上为黑色，脖子呈浅黄肉桂色。雄鸟盔突的前后均呈黑色，雌鸟盔突只有后面为红色。尾羽为灰白色，并带有黑色条纹；翅膀为黑色，翅尖为白色并带有黄色条纹，有油光，这使它们看起来闪闪发亮。生活在从海平面到海拔 2000 米的常年生植物林。主要以水果为食，有时也会吃昆虫，极少吃小型脊椎动物（如鸟类）、爬行动物和哺乳动物。在空中觅食，但也会下到地面，尤其是在吃掉落的果实时。晚上，它们聚在一起，总是在同一处休息，一般选择栖息在没有树叶的高处树枝上。

一夫一妻制，在繁殖期间，领地意识非常强烈。在树的高处筑巢，有时可达 35 米。在这一时期，它们会将巢穴入口用排泄物做的黏物质封住，雄性负责喂养雌性。雌鸟会产下 1~4 枚卵，然后孵化 38~40 天。幼鸟没有盔突，2 岁之后会慢慢长出来，之后要经过很多年慢慢地完全发育。它们喜定居，但是如果不在繁殖期，它们的觅食地会变得越来越广阔。

它们比较偏爱大型树木，而这些大树又是贸易的目标，因此，伐木变成了影响它们生存的一个严重威胁。它们同样也面临人类的非法捕猎。

盔突
因为它们的盔突前面分为两端，因此取名“双角”。

体形
它们是体形最大的犀鸟之一。

文化意义
它们的盔突和嘴在印度很多地方被用于宗教仪式。

Buceros rhinoceros

马来犀鸟

体长：80~90 厘米
体重：2~3 千克
社会单位：成对或小型群居
保护状况：近危
分布范围：婆罗洲、爪哇、苏门答腊岛和马来半岛

马来犀鸟是一种体形较大的犀鸟，整体上呈黑色。喙呈灰白色，基部为黄色和橙色，有黄色或橙色的盔突，顶端向上弯曲。腿部和尾巴根部为白色，尾羽呈白色，并带有黑色条纹。雌鸟体形略小。

居住于生态环境良好的广阔丛林和热带雨林（从海平面到海拔 1400 米）。主要以果实、浆果和种子为食。有时也会吃昆虫和小型脊椎动物，如青蛙、鸟类。

4 岁左右达到性成熟。在天然洞穴筑巢，雌鸟会在巢穴里产下 1~2 枚卵，孵化期为 6 周左右。2 个月后，幼鸟就会羽翼丰满，并有条件离开巢穴。它们是一个喜定居的物种，但是如果不是繁殖期，它们会组成一个小团队在当地四处飞行寻找尽可能多的食物。

栖息地的破坏是它们面临的严重威胁之一。在婆罗洲，很多村镇的居民都会捕杀马来犀鸟，以它们的肉为食，用羽毛作为装饰。

彩色的喙
喙上的黄色和橙色色调是由于喙同尾羽腺摩擦而产生的，尾羽腺分泌的一种油性物质将其染成了这种色彩。

肉冠
盔突向上弯曲，因此而得名。

Bucorvus cafer
红脸地犀鸟

体长：0.9~1 米
体重：2.2~6.2 千克
社会单位：群居
保护状况：易危
分布范围：非洲东南部

红脸地犀鸟整体呈黑色，脸部、喉囊为红色。雄鸟和雌鸟相似，但是雌鸟喉部的皮肤为蓝色。盔突相对较小，从根部延伸到喙的中部。

主要以节肢动物为食，但是也会吃青蛙、蟾蜍、蛇、蜥蜴、水果和种子。生活在海拔 3000 米的森林和热带草原。经常组成一些小群体一起活动。合作哺育雏鸟，占主导地位的伴侣会得到其他红脸地犀鸟的帮助。在石头或者树木上的洞穴筑巢，雌鸟在巢穴里产下 1~3 枚卵。

栖息地的破坏和过度放牧是它们面临的重要威胁。

羽毛
白色的初羽在飞行中非常显眼。

合作育雏
在8~10 只犀鸟的群体中，只有一对有权势的伴侣繁殖。其他的犀鸟帮助哺育这只唯一的雏鸟，它会在这些成鸟的陪伴下度过6 个月左右。

Ceratogymna atrata
黑盔噪犀鸟

体长：60~70 厘米
体重：0.9~1.6 千克
翼展：110~135 厘米
社会单位：成对或群居
保护状况：无危
分布范围：非洲中部

黑盔噪犀鸟雄鸟全身都呈黑色，只有外部尾羽末端为白色。雌鸟的头部和脖子为红棕色，盔突比雄鸟要小很多。

生活在各种各样的丛林里，它们从树冠上飞来飞去寻找果实，这是它们最重要的食物来源，但它们也会下到地面上吃一些种子和昆虫。雌鸟会在天然的洞穴里产 1~2 枚卵。

Bucorvus abyssinicus
阿比西尼亚地犀鸟

体长：90~100 厘米
体重：4 千克
社会单位：成对或小型群居
保护状况：无危
分布范围：非洲中部

阿比西尼亚地犀鸟体形大，呈黑色，只有初级飞羽为白色。喜定居，生活在大草原和灌木林，在树洞中筑巢。和绝大部分犀鸟不同，它们不封洞穴的入口。雌鸟每窝产 2 枚卵，孵化 40 天左右。在地面觅食，主要吃小型无脊椎动物和脊椎动物，也吃腐肉、果实和种子。

Penelopides panini
棕尾犀鸟

体长：45 厘米
保护状况：濒危
分布范围：菲律宾

肉冠
盔突较小，雄鸟和雌鸟都有。

棕尾犀鸟是一种体形较小的犀鸟，菲律宾特有的鸟类。雄鸟呈肉桂色，背部、喉咙和脸颊为黑色。雌鸟全身都为黑色。雌鸟和雄鸟的尾羽都呈灰白色或浅色，尾端为黑色，胸脯呈肉桂色。

生活在常绿林和海拔 1500 米的果树林。主要以果实为食，会吃少量的昆虫，比如在树丛中捕获的甲虫、蚂蚁，有时也会下到地面寻找蚯蚓。它们喜定居，有领地意识。成对哺育雏鸟，但有时也由甚至 12 只鸟所组成的一个群体合作来完成这项工作。

在树洞中筑巢，用小木块和食物残渣封住洞口。雌鸟在巢穴产下 2~3 枚卵，并孵化 30~35 天。雏鸟在巢穴里生活 2 个月左右。

保护
它们面临的主要威胁是乱砍滥伐和捕猎，据统计，目前全世界的棕尾犀鸟不到 1000 只。

多样性的保护

犀鸟生活于印度东北部、中国南部、尼泊尔、缅甸、老挝和泰国的丛林和热带雨林中。棕颈犀鸟（*Aceros nipalensis*）吃大约 80 种水果，尤其是肉豆蔻、无花果和梨。它们在生态系统中扮演着传播所吃果实的种子的重要角色。雌鸟在树干上的树洞筑巢，并在那里躲藏几个月。因此，森林砍伐和栖息地的丢失是该物种面临的主要威胁。采取措施保护物种的多样性是刻不容缓的。

◀ 拒绝捕杀

泰国生物学家比莱·彭斯瓦从20世纪90 年代就开始从事保护犀鸟的工作。她走遍了*Budo Sungai Padi* 公园（这里生活着31 种犀鸟中的13 种），告知当地的捕猎者这种鸟对生态系统的重要性，并建议他们为自己工作。一起保护犀鸟：追踪犀鸟，并在它们的背上装上微型无线电发射器来监测它们的活动。

▲ 调研正在进行

对处于监控中的犀鸟的测量是比莱·彭斯瓦团队的任务之一。由于成长速度慢、繁殖率低，棕颈犀鸟很容易受到捕猎和栖息地丢失的影响。

▼ 脆弱的物种

世界自然保护联盟将棕颈犀鸟评定为易危物种。20 世纪80 年代末，比莱·彭斯瓦的保护工作还未开始的时候，它们便处于濒危状态。

蜂虎与翠鴗

门：脊索动物门

纲：鸟纲

目：佛法僧目

科：2

种：34

它们中等大小，身材苗条，羽色鲜艳。喙又长又细，微微向下弯曲。蜂虎生活在旧世界，栖息地开阔；然而翠鴗是美洲大陆特有的鸟类，偏爱热带和亚热带丛林。它们在居民点筑巢，在沙地或者土地上挖洞。

Merops albicollis

白喉蜂虎

体长：19~21 厘米
体重：20~28 克
社会单位：群居或成对
保护状况：无危
分布范围：非洲北部和中部

白喉蜂虎的背部羽毛为棕绿色，腹部颜色较淡，喉咙呈白色。雏鸟呈暗绿色。栖息于森林或林区边缘，以昆虫为食，蝴蝶、蜜蜂、蜥蜴和蚂蚁都是它们的美食。在群体比较密集的地方筑巢。在其他蜂虎的帮助下，一对伴侣孵化 6~7 枚卵。

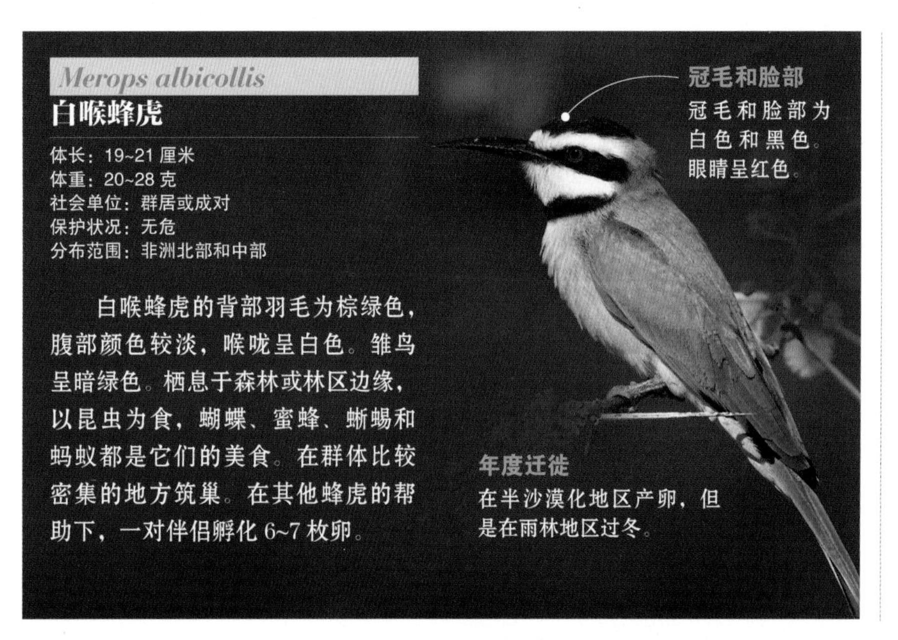

冠毛和脸部
冠毛和脸部为白色和黑色。眼睛呈红色。

年度迁徙
在半沙漠化地区产卵，但是在雨林地区过冬。

Merops orientalis

绿喉蜂虎

体长：18 厘米
体重：17.5 克
社会单位：群居
保护状况：无危
分布范围：非洲南撒哈拉和亚洲南部

绿喉蜂虎的羽毛呈鲜艳的绿色，因此而得名。中间的尾羽非常长。眼睛周围有一个狭窄的“面罩”。雏鸟羽色暗淡。喙黑且长，用来在飞行中捕食昆虫。栖息于开阔的林地和草原。经常洗沙浴或者快速潜入水中。通常一大群聚集在同一处休息过夜，一直待到清晨。中午过后它们会变得更加活跃。

Merops pusillus

小蜂虎

体长：14~17 厘米
体重：16 克
社会单位：成对或群居
保护状况：无危
分布范围：非洲南部

小蜂虎是非洲南部地区最小的蜂虎。喉咙为黄色，脖子上有一圈黑色的羽毛（雏鸟没有），腹部为亮丽的黄色，尾巴呈四方形，边缘为黑色。

栖息于热带草原、林地、河边以及各种树林边缘，栖息地海拔高度可达 2200 米。主要以蜜蜂为食，也会吃苍蝇、蟋蟀、蜻蜓等其他昆虫。9~12 月为繁殖期。雌雄亲鸟会挖一个带有小厅室的隧道作为巢穴，巢穴一般位于河流沿岸。它们会在巢穴里孵化 2~6 枚卵。18~20 天后，雏鸟破壳而出。有两种响蜜䴕寄生在它们的巢穴里，即黑喉响蜜䴕和北非响蜜䴕。它们能够发出一系列尖锐的叫声，当其激动时，声音会又长又脆。

从高空出发
捕猎时，在栖息架上观察猎物的动静，然后快速飞行捕获猎物。

种类
可以根据眉羽的颜色区分它们的种类。

Merops nubicus

红蜂虎

体长：24~27 厘米
体重：44~61 克
社会单位：群居
保护状况：无危
分布范围：非洲中部和南部

红蜂虎总体上为胭脂红色，翅膀颜色更深；冠毛、脸颊、腿、尾基部和尾巴呈蓝色或鲜艳的绿色。有黑色的眼线，有的红蜂虎喉咙为绿色。翅膀上有黑色的条纹，尾巴中部的尾羽非常长。幼鸟的羽色更为暗淡。

能在各种环境中生存，如树林、热带草原、农田、河流、湖泊、沼泽和沿海地区。以昆虫为食，如蚱蜢、蜥蜴、蜜蜂、蝴蝶和甲虫等。容易被大火吸引，它们赶到大火前在空中捕食昆虫。同样也可以看到它们像翠鸟一样捕鱼，也会在一些大型鸟类或者各种哺乳动物的背上捕食寄生虫。雌雄亲鸟在种群密集的悬崖上挖洞筑巢，并产下 2~5 枚卵。

特点
蓝色或绿色的头和腹部以及红色的身体使这种鸟显得别具一格。

集体
它们在种群非常密集的地方筑巢。据统计，1 平方米甚至会有60 个巢穴。

Merops gularis

黑蜂虎

体长：20 厘米
体重：25~34 克
社会单位：独居、成对或群居
保护状况：无危
分布范围：非洲中部和西部

黑蜂虎的头部为黑色，额头、眉毛和尾巴呈亮蓝色；背部为黑色；胸部羽毛较长，从胸部到尾基部，羽毛越来越密，并且全部为亮蓝色；虹膜和喉咙为深红色。幼鸟和成鸟相似，但是颜色更暗。

生活在密林中的空地、次生林和种植园。常停歇在干枯的树枝或电线上寻找食物，主要以蜜蜂、马蜂和其他一些在空中捕到的昆虫为食。单独或者小团体共同挖洞筑巢。

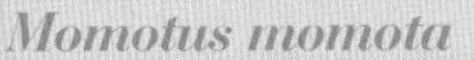

Electron platyrhynchum

阔嘴翠鴗

体长：36~39 厘米
体重：56~66 克
社会单位：独居或成对
保护状况：无危
分布范围：南美洲西北部和中美洲

阔嘴翠鴗的头部、脖子和胸脯为红色，而背部、腹部和喉咙为蓝绿色。喙扁平，有眼线，胸部有黑色斑纹。尾羽为蓝色。

生活在海拔 1100 米的湿润丛林。吃昆虫、蜘蛛、蜈蚣，也吃小型脊椎动物，如青蛙、蜥蜴，很少吃水果。经常在树丛中寻找食物，有时也会在空中或者到地面上捕食。

在地面上挖洞作为巢穴，雌鸟会在巢穴产 2~3 枚卵，由雌雄亲鸟共同孵化。雄鸟或雌鸟能在巢中待很长时间，直到伴侣来替换。准确的孵化时间不详。

Momotus momota

蓝顶翠鴗

体长：38~43 厘米
体重：77~160 克
社会单位：独居或成对
保护状况：无危
分布范围：南美洲北部和中美洲

蓝顶翠鴗中等体形，头部略大。整体呈绿色，胸部为肉桂色，并有一个黑色斑块。尾羽为蓝绿色。虹膜为红色。

栖息于森林和热带雨林、种植园、花园和其他开阔的地方，栖息地海拔可达 2100 米。在残垣断壁上挖洞或者以通道作为巢穴。主要以昆虫、无脊椎动物以及小型爬行动物为食。有时会到地面，用嘴在枯叶中翻找觅食。经常长时间停歇，偶尔像钟摆一样摇着尾巴。叫声深沉。

冠毛和脸颊
为黑色，边缘呈亮蓝色。

Merops apiaster

黄喉蜂虎

体长：25~29 厘米
翼展：36~40 厘米
体重：44~78 克
社会单位：群居
保护状况：无危
分布范围：欧洲，非洲，亚洲西部、中部和南部

面部特征
黑色的眼线同下颌的淡色条纹对比鲜明。

黄喉蜂虎是夏候鸟：在欧洲南部、非洲北部和亚洲东南部的部分地区度过夏天，但是秋天来临时便回到非洲的栖息地。绚丽多彩的羽毛显得格外耀眼。主要分布在牧草丰富或者作物稀疏的地区。

求偶的表演

雄鸟会用大型猎物来吸引雌鸟，表明它们是捕猎能手，以后能够保证后代的饮食。如果馈赠产生效果，雌鸟就会接受与其交配。

行为举止

有群居的习惯。一般来讲，不在地面停歇，而是在树枝上。如果是在市区，就会在电线上休息。飞行能力强，这是快速有力地振翅产生的效果；经常会把高难度的飞行技巧同滑翔结合起来。

共享栖息架
很多只黄喉蜂虎会停歇在同一个树枝上，它们都时刻保持警惕，注意蜜蜂和其他昆虫的行迹，旨在将其捕获。

昆虫的天敌

就如它们的名字所指的那样，蜜蜂是它们最喜欢的猎物。但是它们同样也会吃蝴蝶、蜻蜓、马蜂和大黄蜂。因其敏锐的视力，它们从远方就能辨认出猎物，然后短距离飞行扑向猎物，直到用它们尖锐的喙捕获目标。雄鸟会将猎物交给雌鸟作为求偶的礼物。

喙
喙长4 厘米，微微向下弯曲，喙尖特别锋利，坚实。啄击昆虫时不会受到损伤。

猎物
在空中捕获猎物的技巧令人惊异。这样的技巧有两个目的：将捕获的昆虫作为自己的食物或者作为求偶时的礼物送给雌鸟。

200 只蜜蜂
一只蜂虎仅一天就可以吃200 只蜜蜂。

筑巢

在河流中游和靠近马路的斜坡上筑巢。挖一个与水平面倾斜 20 度左右、深 2 米的洞作为巢穴。在与洞口反向的尽头，修建一个小厅室，在这里它们会产下 4~6 枚白色的卵，孵化期为 20 天左右。

眼睛
虹膜呈鲜艳的红色。和其他食虫动物一样，具有敏锐的视力，因此，它们在距离20米远的地方就能发现飞行中的蜜蜂。
羽毛
头部和颈部呈棕色和黄色。尾羽和脚为蓝绿色。腹部和胸脯呈蓝色，喉咙为黄色。
爪子
前三个脚趾向前，第四趾向后，这种构造叫作并趾。前面的三趾组成了一个发育成熟的脚掌。中趾的趾甲比其余的大很多。
尾羽
尾羽呈棕绿色。在成鸟的尾羽里，中间的两片羽毛非常突出。
200
200 个鸟巢组成一个聚居区。
捕猎技巧
它们的捕食策略有三个明确的步骤。首先，停歇在一个树枝上，观察周围的环境；其次，确定要抓捕的猎物；最后，极速飞行冲向目标。在消化猎物的时候会产生并吐出黑色颗粒，这是没有消化的猎物的残渣。
1 埋伏以待
停留在灌木树枝或电线杆上，等待昆虫靠近。其敏锐的视觉在捕猎阶段起着关键作用。
2 把握时机
一旦发现并选定目标，便迅速出发在空中捕获猎物。最终又回到出发地，享用自己的美食。
3 进食准备
用喙将猎物撞向树枝，直至其死亡，这时就可以享用自己的食物了。这些食物有可能自己食用，也有可能留给巢穴里的雏鸟。

戴胜鸟及其他

门：脊索动物门
纲：鸟纲
目：佛法僧目
科：3
种：14

中等体形。主要以昆虫为食，利用它们特别的、又长又弯的喙捕食。杂色短尾鴗是一个特例，它们体形小，喙短且直。羽毛绚丽多彩。在树洞或者地面挖通道筑巢。喜欢喧闹，利用叫声交流可能出现的威胁。

Phoeniculus purpureus

绿林戴胜

体长：32~37 厘米
体重：54~99 克
社会单位：独居、成对或小型群居
保护状况：无危
分布范围：非洲中部和南部

绿林戴胜的尾羽长且呈阶梯状，并有白色斑点。喙为红色，细长并微微弯曲。雌鸟与雄鸟相似，但是体形略小，喙呈黑色。

能在多种环境中生存，尤其是开阔的地方，如森林、热带草原、棕榈园、河岸森林等从海平面一直到海拔 2000 米的地方，在高大的乔木上筑巢。在洞穴里产 2~5 枚卵，由雌鸟独自孵化 17~18 天。主要以在树丛中找到的昆虫、蜘蛛和蜈蚣为食。有时候，它们会在树干上像表演杂技般飞来飞去。在吃猎物之前，会将其在树枝上撞几次。在地面时，经常会去白蚁的巢穴。

喜定居，不迁徙，但是会在当地进行小范围的远行。在各个分布区内数目繁多，但是由于栖息地的破坏，数量有可能会减少。

爪子和喙
它们的爪子使它们能够很容易地攀爬树干；它们的喙是把猎物从巢穴里抓出的理想工具。

尾羽
尾羽的尖端有白色斑纹。

不同策略
雄鸟和雌鸟在不同的高度觅食。雄鸟喜欢在树林低处树枝繁多的地方觅食，而雌鸟则喜欢更高更细的树枝。

Phoeniculus castaneiceps

栗头林戴胜

体长：26~28 厘米
体重：22 克
社会单位：独居、成对或小型群居
保护状况：无危
分布范围：非洲中部和南部

栗头林戴胜的身材苗条，尾巴长且带有斑纹。整体上呈有光泽的蓝绿色。雄鸟头部为栗色，但是因种类不同颜色也会不同。喙微弯呈灰色。雌鸟和雄鸟相似，但是颜色更为暗淡。

栖息在原始森林和次生林的边缘，从海平面到海拔 1500 米的地方。主要食甲虫、蚂蚁、蜘蛛和其他节肢动物，还有从树上更高的部分获取的果实、浆果和种子。能够在飞行中捕获猎物。

Rhinopomastus cyanomelas

弯嘴戴胜

体长：26~30 厘米
体重：24~38 克
社会单位：独居、成对或小型群居
保护状况：无危
分布范围：非洲南部

弯嘴戴胜整体呈深蓝色，背部为鲜艳的紫色；部分初级飞羽呈白色。喙又细又长，且弯曲，呈灰色。尾羽羽端为白色。雌鸟和雄鸟相似，但体形略小，颜色较淡。生活在茂密的森林和热带草原，海拔可达 2000 米。主要以昆虫和其他无脊椎动物为食。

Upupa epops

戴胜

体长：26~32 厘米
体重：47~89 克
社会单位：独居、成对或小型群居
保护状况：无危
分布范围：欧洲、亚洲和非洲

戴胜呈肉桂粉色，有显眼的冠毛，顶端为黑色，冠毛经常是闭合的，但在遇到危险时会张开呈扇形。尾羽呈黑色，有白色斑纹。喙又细又长，微弯。腿很短。

生活在开阔的丛林、灌木丛、热带草原、果园和花园里。主要以昆虫及其幼虫为食。有时也食小型的脊椎动物，如蜥蜴、蛇或者蛙类。虽然有鲜艳的羽毛，但仍很难被发现。通常会看到它们在树枝间飞来飞去，或下到地面。遇到危险时，它们会保持静止不动，直到猎物近到眼前时才起飞。然而，经常会听到它们的叫声，因为其声音能传出很远。它们的巢穴一般建在天然树洞或者石缝之间，铺满树叶或小树枝，每窝产 4~8 枚卵，由雌鸟独自孵化 16~18 天。雏鸟在巢内待 1 个月左右。

生活在偏北地区的戴胜鸟繁殖期过后会迁徙。飞行路线呈波浪状，会经常快速地改变方向和高度。

Todus todus

短尾鴗

体长：10.8 厘米
体重：6.9 克
社会单位：独居或成对
保护状况：无危
分布范围：牙买加

短尾鴗的背部为深绿色，腹部为黄绿色，喉部为深红色，只有侧腹为粉色。嘴呈黑色，下颌为橙色，尾巴小。和杂色短尾鴗相似，但是后者腹部为灰白色，粉色的侧腹十分显眼。

生活在从海平面到海拔 1500 米的湿润或干燥的森林。在树叶之间或飞行中捕食各种昆虫，也吃在中等高度的植被之间找到的水果。

一夫一妻制。在繁殖期雄鸟和雌鸟在树丛中相互追逐、振翅。非繁殖期时它们很安静。在地面或垂直的墙面上筑巢，雌鸟在筑好的巢里产 1~4 枚卵。孵化期和雏鸟留巢期不详。

由于分布范围有限，因此栖息地的破坏是它们面临的主要威胁。

Todus multicolor

杂色短尾鴗

体长：10~11 厘米
体重：5.8 克
社会单位：独居或成对
保护状况：无危
分布范围：古巴

杂色短尾鴗的背部为绿色；喉部为深红色，边缘为白色；腹部为灰白色，侧腹为耀眼的粉色；脖子侧面有天蓝色斑纹；下颌为橙色。

可以在多种环境中生存，尤其喜欢湿润的丛林。也生活在灌木丛、人工松林和次生林。主要以昆虫、蜘蛛和少量的小型脊椎动物（如蜥蜴）为食；有时也会吃一些小果实。一般在树丛中觅食，但也会在飞行过程中捕食昆虫。在土层、腐朽的树干和天然洞穴筑巢。挖洞，并铺上一些柔软的树叶或树枝作为巢穴，雌鸟会在洞内产 3~4 枚卵。孵化期和雏鸟留巢期不详。

巨嘴鸟和啄木鸟

这是一个种类繁多、数目庞大的群体。羽色绚丽多彩，有光泽；喙非常具有特色，适于它们的饮食和栖息地。因其脚趾的构造，擅长攀爬树枝。在树洞、石缝或地面筑巢，雌雄亲鸟共同孵化和保护它们脆弱的后代。

一般特征

树栖性，中小型身材，爪子适于攀爬。喙坚硬。羽毛亮丽显眼，有绿色、红色、黑色、白色和黄色。有的鲜艳呈彩虹色，而有的则颜色比较暗淡。雄鸟和雌鸟略显不同。在树洞、石缝或地面筑巢，卵呈白色，一般由雌雄亲鸟共同孵化。刚出生的雏鸟，全身赤裸无毛，并且眼睛紧闭。生活在除澳大利亚和南极之外的其他大陆。

门：脊索动物门

纲：鸟纲

目：䴕形目

科：5

种：398

描述

䴕形目包括我们非常熟知的鸟类，如啄木鸟科（*Picidae*）和鵎鵼科（*Ramphastidae*），同样也包括其他种类如喷䴕科（*Bucconidae*）、鹟䴕科（*Galbulidae*）、巨嘴拟䴕科（*Semnornithidae*）、非洲拟啄木鸟科（*Lybiidae*）、拟啄木鸟科（*Megalaimidae*）和响蜜䴕科（*Indicatoridae*）。体形差异很大，从体长为8厘米的棕啄木鸟到体长60厘米的托哥巨嘴鸟。爪子一般又短又坚实，脚呈并趾形，即两趾向前，两趾向后，呈“X”状（有些只有三趾，如白眉棕啄木鸟属或三趾啄木鸟）。喙的结构非常特别。如鹟䴕，喙长而细，很结实；有的基部有鬃毛（喷䴕科、须䴕科、非洲拟啄木鸟科和拟啄木鸟科）；有的形如凿子，用于啄木（啄木鸟）；有的颜色鲜艳，尺寸巨大（巨嘴鸟）。啄木鸟的头骨具有特殊的适应能力，能保护它们的大脑在啄木时不受到伤害。上颌骨和颅骨前侧之间的铰链向内弯曲，避免喙被拉开。骨骼和一块特殊的肌肉减缓了啄木的冲击。这块肌肉连接着下颌的后端，能在其啄击前收缩，吸收了冲击力。头部呈直线摆动，使力作用在同一个平面上。一般来讲，䴕形目鸟类的舌头非常灵活，能够伸缩自如。尽管性别不同、羽色不同（性别二态性），但雌鸟的羽色一般并不显得暗淡，有时候只是装饰（“胡须”的颜色、啄木鸟的羽冠、响蜜䴕的斑点）的色彩不同，或者喙的长度不同（巨嘴鸟）。尾巴非常灵活，如巨嘴鸟的尾巴，尾羽较硬；啄木鸟在觅食过程中，它们把尾巴抵在即将啄孔的树干上，作为自己的第三个支撑点。䴕形目中所有鸟类有着类似的肌肉和骨骼结构。

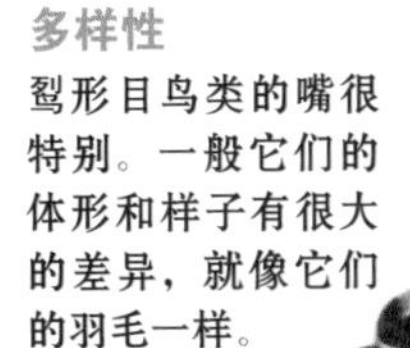

多样性
䴕形目鸟类的嘴很特别。一般它们的体形和样子有很大的差异，就像它们的羽毛一样。

引人注目的色彩

有些䴕形目鸟类拥有色彩斑斓的羽毛，不同年龄和性别的䴕形目羽色差别并不明显。巨嘴鸟喙的颜色是区别其种类的重要判断标准，尤其是在求偶期间。

分布和栖息地

巨嘴鸟、鵎鵼和喷䴕是新热带界特有的鸟类。拟啄木鸟和须䴕分布在亚洲、南美洲、非洲热带和亚热带地区，但大部分都分布于非洲。响蜜䴕生活在非洲，而啄木鸟则分布在除澳大利亚、南极和马达加斯加以外的所有大陆。大部分生活在热带和亚热带的茂密丛林，有时也喜欢在水域附近活动。尽管它们是树栖性鸟类，但有些种类也生活在开阔的地域。这些鸟类中，我们要提到的是草原扑翅䴕（*Colaptes campestris*）、安第斯扑翅䴕（*Colaptes rupicola*）以及非洲拟啄木鸟科的红黄拟啄木鸟。它们中的有些种类能够适应多种栖息环境，能够生活在城市化的环境中，如果园、公园，甚至市中心。有些啄木鸟能够在海拔 4000 米的地方生存，但是它们一般喜欢生活在低纬度地区。

行为举止与繁衍后代

雄鸟经常会进行求偶表演。一般除了鵎鵼外，其他䴕形目鸟类的叫声并不复杂。啄木鸟会进行地区性交流，能通过啄击树干的声音（鼓声）和同伴交流，这种声音和觅食时发出的声音（凿击声）是完全不同的。大部分种类都喜定居，但是仍有一些种类会进行迁徙，如喷䴕和啄木鸟。啄木鸟在腐朽的树干或者其他相对较软的土层筑巢，在这些地方它们可以用嘴挖洞。巨嘴鸟、须䴕和拟啄木鸟会循环利用这些洞穴，它们和鵎鵼一样，寻找天然洞穴，或自己在树干、峡谷或蚁穴中挖洞筑巢。一般产 2~4 枚白色的卵，但是也存在特例：如蚁䴕（*Jynx torquilla*）能产 10 多枚卵，响蜜䴕甚至可以产 20 枚卵。一般来讲，刚出生的雏鸟都赤裸无毛，需要留巢接受精心哺育。有些种类的雏鸟，如巨嘴鸟和鵎鵼，脚上有肉垫或老茧，使它们免受粗糙巢穴的伤害。雌雄亲鸟共同哺育雏鸟。新热带界的一些须䴕具有社会性，会聚成一个群体在栖息处度过漫长的夜晚。关于繁殖，它们是一夫一妻制，但是有助手帮它们照看雏鸟。也有一些种类雄性是与多个雌性交配的，如有些响蜜䴕。有些巨嘴鸟和橡树啄木鸟（*Melanerpes formicivorus*）是一夫一妻制，但是后者的雄性会与多只雌性交配来繁衍后代。啄木鸟、鵎鵼和须䴕会进行家庭聚会。响蜜䴕经常寄居在其他鸟类的巢穴里，雌鸟既不筑巢也不孵卵。一旦发现可以投宿的鸟类（佛法僧目、䴕形目或雀形目）的巢穴，便立即产 1~2 枚卵（每枚卵用时 10~15 秒）。那时，它们会挪走一些寄生巢的卵，或者啄破卵壳，阻止其胚胎生长。寄生的雏鸟比它的义兄弟姐妹成长速度快很多。一生下来就具有攻击性，喙呈钩状，用来啄破卵壳或者攻击和杀死寄生巢内的幼雏，从而垄断所有的食物。由其他种类哺育长大。

啄木鸟的风姿

为了顺利啄击木头，它们以坚硬的尾巴作为支撑，使整个身体构成一个杠杆的样子。另外，趾甲刺进树枝里，加以固定。

并趾的爪子

所有的䴕形目鸟类都有一个共同特点，即脚趾的特殊构造。这一特点使其能够很容易地攀爬树木。两趾（2、3 趾）向前，两趾向后（1、4 趾一般在基部连接）。1、2、4 趾通过肌腱连接。

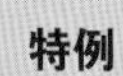
特例

三趾啄木鸟是没有这种传统构造的䴕形目鸟类之一，因其只有3 个脚趾。

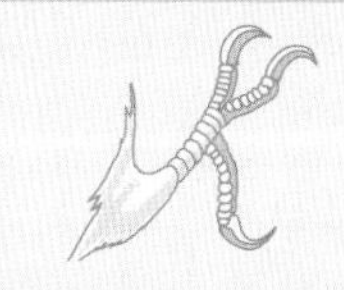
“X”形

䴕形目鸟类两趾向前，两趾向后，构成了“X”形。

并趾

鵎鵼科鸟类的脚趾呈特殊的并趾，因为它们的2、3 趾在脚掌处连结。

饮食

除须䴕和巨嘴鸟主要以果实为食，而且会吃无脊椎动物和小型的脊椎动物外，䴕形目鸟类基本上以食虫为主。响蜜䴕是䴕形目中唯一的也是少数以蜂蜡为食的鸟类之一。此外，它们也会吃一些节肢动物。啄木鸟捕食昆虫及其幼虫，但同样也吃果实或植物的汁液。鹟䴕的喙又长又细，在飞行中捕食昆虫。

以果为食

巨嘴鸟和须䴕主要以果为食，这使得它们成为热带雨林中传播种子的“代理人”。巨嘴鸟能利用它们的嘴获得最细的树枝上的果实，它们用喙尖够到果实，然后使食物进入到咽喉处。它们也会吃其他能够筑细长巢穴的鸟类的雏鸟或者卵，如酋长鹂属的幼鸟。无花果是亚洲须䴕最重要的食物。它高大的树干吸引了各种各样的鸟类，亚洲须䴕就和其他的鸟类一起聚在这里，尽管有时它们也会吃其他的果实。它们和巨嘴鸟都是把果实全部吞咽，不能消化的部分，如果核，会在之后吐出来。须䴕科的钟声拟䴕属，会吃槲寄生的果实，然后把黏性种子放在巢穴入口周围，这很可能是吓跑掠食者的一个策略。

偏爱和策略

须䴕和巨嘴鸟也吃在树枝和树干或者在地面上捕到的节肢动物。它们会捕食昆虫，如蚂蚁、蝉、蜻蜓、蟋蟀、蚱蜢、甲虫、飞蛾和螳螂。有些种类还会吃蝎子、蜈蚣和小型的脊椎动物，如树栖爬行动物和两栖动物。啄木鸟在不同的时期捕食不同的猎物，如蚂蚁或者其他节肢动物。它们会用嘴敲击树干进行探测，听到空洞的声音，就说明里面有昆虫挖的隧道，然后它们就在那里啄孔，并将舌头伸进去捕食。有些种类只在地面上捕食蚂蚁：它们会先捣毁蚁窝，然后将自己的舌头伸进去捕食粘在舌头上的卵、若虫和成虫。有的鸟类以果实为食：橡树啄木鸟几乎只吃栎属植物的果实，白啄木鸟（*Melanerpes candidus*）吃仙人掌的果实。食果啄木鸟属的啄木鸟吸树干的汁液，甚至能在树干上挖开一条一条的通道，使汁液流出来。啄木鸟的舌头特别长，在所有鸟类中位居榜首：成鸟的舌头几乎和它的整个身体一样长。因舌骨(语言骨)上有发达的肌肉，所以舌头能够伸缩自如。舌骨不和头部连接，而是围在颅骨外面。舌尖有骨针，或鱼叉形的刺，便于它们在自己的巢穴中捕食昆虫。它们的舌头上有一种能够分泌黏性湿润物质的腺，同样利于它们捕食昆虫。蜂蜡是响蜜䴕每天最重要的食物，有时它们也会吃无脊椎动物和果实。如果蜂蜡稀缺，它们就会食用一些类似“胭脂虫”（半翅目）的昆虫的蜡质分泌物。

以昆虫为食

鹟䴕科的鸟类几乎只捕食飞行的昆虫（蝴蝶、蜻蜓、蜜蜂、黄蜂、苍蝇、鞘翅目和双翅目）。它们会在自己的栖息架上等待猎物经过，然后将其捕获，并在树枝上摔打，以除掉猎物的翅膀，会用嘴发出一种特有的机械似的声音。它们的嘴很长，除了作为必需的捕猎工具外，还使得一些猎物（如双翅目）的螯针远离自己的面部。喷䴕除了吃昆虫外，还会吃一些小型的脊椎动物。食肉鸟类在消化后，会吐出一些微小的颗粒状呕吐物，这是它们吞食的猎物未消化部分所形成的组合物（几丁质或骨头）。不论是食果类还是食虫类，为了保护食物资源，它们一般都会有各自的饮食领地，如橡树啄木鸟和鹟䴕。

独特的共生

响蜜䴕的名字源于它们的一个特殊的行为：通过叫声或肢体动作来吸引人类的注意，把他们准确地引到酿蜜蜜蜂的蜂巢，以获取蜂蜜。同样也能引导其他哺乳动物如蜜獾。这一互利共生行为使哺乳动物们得到了蜂巢的蜂蜜，而鸟类会寻找残留下来的蜂蜡。

黑喉响蜜䴕
Indicator indicator

专家

䴕形目鸟类的喙特别适于捕食。例如：有一些种类的喙特别大，利于获取各种果实；有些种类的喙又特别细，适于啄木或者捣毁蚁穴并将舌头伸入进行捕食；还有一些种类的喙弯且尖，适合捕食空中的昆虫。

喷䴕及其近亲

门：脊索动物门

纲：鸟纲

目：䴕形目

科：喷䴕科

种：35

中小型身材，头部大，翅膀短而圆，身体健壮。脚小，尾巴窄小，羽毛柔软。喙坚实，尖端呈钩状，基部有浓密的羽须。脚的 2、3 趾在基部连接（并趾）。新热带界特有的鸟类：生活在从墨西哥南部到阿根廷之间的地域。

Monasa morphoeus

白额黑䴕

体长：21~29 厘米
体重：90~100 克
社会单位：独居或小型群居
保护状况：无危
分布范围：中美洲，南美洲到玻利维亚

白额黑䴕不仅生活于树林的中层，也会栖息在树冠中。适应能力很强，在繁茂的雨林、过渡型森林甚至可可种植园中，都能发现它们的踪迹，一般生活在海拔 300~750 米的高处。

在深 10 厘米左右的地洞筑巢。繁殖期会互相合作。开始哺育雏鸟前，助手们会聚集在巢穴前。一般产 2~3 枚卵，由 3~6 只成鸟照顾。它们是一种喜定居的鸟类。其食物主要为约 6 克重的蟋蟀，也会吃螳螂、蝉、蝎子和蜥蜴。

有些鸟会跟随兵蚁群、酋长鸟群、拟椋鸟群以及猴群，捕食被这些群体吓跑的昆虫。

Malacoptila striata

月胸蓬头䴕

体长：17.5~20 厘米
体重：41~45 克
社会单位：独居
保护状况：无危
分布范围：巴西东部

月胸蓬头䴕是巴西东部地区特有的鸟类，栖息在树叶茂密的阴暗丛林、原始森林、次生林，不论是在低地还是在海拔 2100 米的高地都能发现它们的踪迹。以昆虫和小型节肢动物为食。像兵蚁一样，它们会和其他鸟类组成一个混合的群体。在山沟挖隧道筑巢。隧道入口经常会被伪装起来。雌鸟在隧道深处产 2~3 枚白色的卵。

Chelidoptera tenebrosa

燕翅䴕

体长：14~15 厘米
体重：30~41 克
社会单位：独居或小型家庭群居
保护状况：无危
分布范围：哥伦比亚、委内瑞拉、圭亚那、巴西、厄瓜多尔、秘鲁、玻利维亚北部

燕翅䴕的栖息地多种多样，湿润的热带雨林、茂密的丛林、牧草丰富的草原都有它们的踪迹。它们偏爱有水的地方。有时会组成 6 只鸟的小团队。它们的特点是拥有蓝黑色的羽毛和醒目的白色臀部。尾羽短，呈方形，末端有精细的白色条纹。腹部为肉桂色。它们专吃昆虫，一般在飞行中捕获猎物。在沙质土壤或山沟挖隧道筑巢。

鹟䴕

门：脊索动物门
纲：鸟纲
目：䴕形目
科：鹟䴕科
种：18

中小体形，身材苗条，羽毛一般是丰富多彩的。颅骨后部和枕骨过度向后延伸，使得它们的外形显得特别倾斜。翅羽短而圆，脚为并趾。以昆虫为食，在飞行中捕猎，栖息于新热带界树林茂密的地区。

Galbula ruficauda

棕尾鹟䴕

体长：22~25 厘米
体重：18~28 克
社会单位：独居
保护状况：无危
分布范围：从墨西哥到阿根廷北部

棕尾鹟䴕的栖息地多种多样：森林边缘、茂密的丛林、次生林、河流峡谷、沼泽和树木稀疏的大草原。它们一般从醒目的栖息架出发，在飞行中捕食昆虫。抓到猎物后，会将猎物撞向树枝或者其他地方，来除掉其坚硬的部分和翅膀，然后将整个猎物吞食。其主要的食物是蝴蝶、飞蛾和蜻蜓。

喜定居：只进行短距离飞行，从不迁徙。非常活跃。雄鸟把准备好的猎物送给雌鸟吃，作为求偶的礼物。雌鸟和雄鸟在交往中一般互相尊重并且展现自己美丽的尾羽。伴侣双方共同在沙质山沟、蚁穴或者腐朽的树干挖洞筑巢。洞口一般呈长方形，隧道深 20~50 厘米。雌鸟一般产 2~4 枚卵，由伴侣双方共同孵化 19~23 天。雏鸟在巢内待 20~26 天便可以离开，但是它们仍要和父母再生活 8 周。有 6 个亚种，它们之间的羽色和喙的大小不同。

Galbalcyrhynchus leucotis

白耳鹟䴕

体长：18~21 厘米
体重：44~50 克
社会单位：独居和小型群居
保护状况：无危
分布范围：哥伦比亚、厄瓜多尔东北部、秘鲁和巴西东北部

坚硬的喙
是它们捕食猎物的工具。

白耳鹟䴕生活在湿润的亚马孙热带雨林、原始森林和次生林，甚至是在海拔 500 米的地方，无论是硬土层地区还是季节性水流淹没的地区都能看到它们的身影。它们一般在这些地区的上层活动。以昆虫为食，尤其喜欢膜翅目和鳞翅目的昆虫。在飞行中捕食，之后便飞回自己的栖息地。

叫声与啄木鸟相似。一夫一妻制，夫妻在繁殖后代时，会有其他助手帮忙。曾经观察到有 6 只鸟的小群体。巢穴一般营建在高 3 米左右的树干或者蚁穴中。

Jacamerops aureus

大鹟䴕

体长：25~30 厘米
体重：57~76 克
保护状况：无危
分布范围：从哥斯达黎加到玻利维亚

大鹟䴕是鹟䴕科中体形最大的鸟类。生活在湿润丛林和次生林的中部。是比棕尾鹟䴕（***Galbula ruficauda***）更大更健壮的鸟，喙更厚，短而弯曲。在飞行中捕食蝴蝶和蜻蜓，也会在树叶丛中捕食猎物，如甲虫、蜘蛛和蜥蜴。3~6 月为繁殖期。它们的巢穴位于树干 3~15 米处的蚁穴中。

拟鴷和须鴷

门：脊索动物门

纲：鸟纲

目：鴷形目

科：须鴷科

种：82

生活在全世界热带丛林和森林边缘。如果有果树，有些种类还可在公园和市区生活。有的生活在有蚁穴的干旱环境中。在新世界并不常见，主要生活在非洲和东南亚。同雀形目的鸟类非常相似，身体健壮，脖子短，头很大。

Capito dayi

黑环须鴷

体长：17.2 厘米
体重：56~74 克
社会单位：独居
保护状况：无危
分布范围：玻利维亚和巴西

黑环须鴷的下巴和喙保持在同一水平面。这种鸟脖子短而粗壮，喙周围有须毛。生活在原始森林的树冠，也会出现在次生林和可可种植园。雄鸟有一个独特的朱红色的冠、一个黑色"脸罩"和一个浅灰色的喙。雌鸟有黑色的冠、颜色较深的喉部。两者腹部都有黑色斑纹。它们会组成一个小群体寻找果实或热带雨林密叶中的无脊椎动物为食。在枯死的树木的树洞中筑巢。每窝产 2 枚均匀的又白又亮的卵，一般产在有木屑铺垫的"床"上，这是亲鸟在洞穴底层专门为雏鸟布置的。幼鸟由雌雄亲鸟共同抚养，其主要食物为果实、昆虫和昆虫幼虫。鸣叫时，由胸部和"膨胀"的喉咙发声，且尾巴和喙保持在同一水平面上。

与众不同
喙又厚又硬；尾巴是同属中最长的。

Eubucco richardsoni

黄喉拟鴷

体长：15 厘米
体重：32 克
社会单位：独居或小型群居
保护状况：无危
分布范围：哥伦比亚、厄瓜多尔、秘鲁、玻利维亚和巴西

黄喉拟鴷栖息于亚马孙河流域的西部。是一种罕见的鸟类，关于它的研究也很缺乏。生活在从低地到海拔 900 米的热带雨林。能够灵活自如地在茂密丛林中部和高空飞翔。新世界的拟鴷和须鴷属于食果和食虫鸟。这种鸟的主要食物为昆虫和蛛形纲动物。其他鸟类只吃果实。在树枝或者藤本植物上积聚的枯叶中寻找猎物。表现出了专业的搜寻技能。羽毛引人注目，背部和尾巴呈橄榄绿色，头顶的羽毛为黑色，喙为灰黄色，喉部为黄色，胸脯为红橙色，腹部的羽毛很长。在其分布区内，有 4 个亚种（***E.r.richardsoni***、***E.r.nigriceps***、***E.r.aurantiicollis*** 和 ***E.r.Purusianus***）。

Eubucco versicolor

彩拟鴷

体长：16 厘米
体重：26~41 克
翼展：51~60 厘米
社会单位：独居
保护状况：无危
分布范围：秘鲁和玻利维亚

彩拟鴷的体形偏小，喙相对长而尖。该种类（有 3 个亚种）的雄鸟有红冠，喙基部周围为黑色，腹部呈绿色或蓝绿色，喉部为红色，喉部下方和面颊部为蓝色，颈部和胸部为黄色，胸部下部中间为红色，而肋部为绿色。眼睛呈红色，喙为黄色。雌鸟眼睛周围和喉部呈蓝色。与雌鸟相比，雄鸟的羽毛更令人叹为观止。

栖息于有丰富的附生植物和苔藓的低山丛林里。同样在次生林里也能发现它们的踪迹。一般生活在海拔 650~2200 米的地方，但是最好的生存环境是在海拔 1000~2000 米的地方。以各种果实和种子为食，这些占据其饮食的 80%。也会吃昆虫和节肢动物。一般会成群地在丛林里飞行，但是也会独自或成对飞行。其具体的繁殖情况不详。

Semnornis ramphastinus

巨嘴拟䴕

体长：20 厘米
体重：83~113 克
社会单位：群居
保护状况：近危
分布范围：南美洲（哥伦比亚和厄瓜多尔东北部）

巨嘴拟䴕居住在山坡树林，包括中生代丛林和树木稀疏的低地丛林，一般分布在海拔 1000~2300 米的地方。同样在有果树的牧场也能发现它们的踪迹。它们一般由 6 只鸟组成一个小群体一起生活，其成员一般为一对占主导地位的夫妻和它们前一窝的雏鸟。它们有令人惊讶的合作表现，整个群体共同保卫自己的领地，为了幼鸟能够顺利成长，它们会互相合作。占主导地位的雌鸟一般会在老树洞中产 2~3 枚卵。此后，它的帮手们就开始帮它完成孵化雏鸟（一般为 15 天）、喂养照顾幼鸟的工作。43~46 天之后，幼鸟便可以离巢，但仍然要依赖群体 1 个月。每天用 12 个小时觅食，其主要食物为果实（73%），甚至包括 62 种不同的果实。同时也会吃小型的无脊椎动物。它们跳跃着在植被中移动，通常会从树的底部开始，沿着树枝一直向上跳。该属的两个种同其他的拟䴕或须䴕相比，不论是在外形上还是行为和饮食方面都更像巨嘴鸟。经常和扁嘴山巨嘴鸟（*Andigena laminirostris*）争夺领地（面积为 4~10 公顷）和筑巢地。扁嘴山巨嘴鸟常常会毁掉它们的卵甚至吃掉它们的幼鸟。除了这些，它们还面临着被当作宠物而被非法抓捕及栖息地遭到严重破坏的威胁。

繁殖期的合作
研究表明，62%的伴侣在这一时期都有自己的帮手。毫无疑问，它们会比没有帮手的伴侣在哺育雏鸟方面更成功。

喙
喙短而尖，是它们吃果实的有利工具。

神秘的羽色
尽管它们有着鲜艳的羽毛，但是在茂密的丛林环境中还是很容易将其同树叶或果实混淆。

强壮的脚
不仅利于它们站在树干上，还能用来抓握打开的果实。

幼鸟和成鸟
除了在成鸟之中存在性别二态性外，幼鸟的羽色也和成鸟的不同。幼鸟颜色不够鲜艳，喙没有钩，虹膜呈黑色而不是红色。2 个月后，幼鸟虹膜的颜色才开始改变。

Pogoniulus pusillus

红额钟声拟䴕

体长：9~10.5 厘米
体重：17 克
社会单位：群居
保护状况：无危
栖息地：非洲东北部和东南部

红额钟声拟䴕的身体壮实，头大，尾巴和脖子短。性成熟后，额头会有红色的标志性羽毛。腹部为柠檬黄色，翅膀有明显的金色条纹。一般分布在茂密的灌木丛和河流沿岸的树林中。经常停歇在树枝上鸣叫。在空中捕食，主要吃各种各样的水果，尤其是浆果类；特别喜欢槲寄生果实。另外，还会吃一些小昆虫，它们在飞行中察觉到小虫的踪迹，然后在树叶上将其捕获。是一夫一妻制。雌鸟和雄鸟合作共同生育后代，通常在枯死的树枝或树干上挖洞筑巢，并且经常在之后的繁殖期重复使用。通常一窝产 2~4 枚白色的卵。幼鸟由雌雄亲鸟共同抚养，其食物主要为水果和昆虫。

Gymnobucco bonapartei

灰喉拟䴕

体长：17 厘米
体重：30~55 克
社会单位：群居
保护状况：无危
分布范围：非洲中西部

灰喉拟䴕的羽毛为不引人注目的灰棕色。这使得它们区别于非洲拟啄木鸟科的其他成员（它们大部分都有色彩绚烂的羽毛）。眼圈为黄色，虹膜为黑色。羽须颜色和身体上的羽毛相似。生活在热带丛林里，大部分时间都停在树枝上，发出一系列叫声，因此，和看到它们相比，我们更容易听到它们的叫声。同样也和同类的其他鸟一起在树上筑巢，形成领地。它们通常在干枯的树干上挖洞筑巢。它们主要以昆虫为食，一般在飞行过程中捕猎。另外，它们也会吃水果，尤其是浆果类。由于没有关于这种鸟的充分的科学记录，因此其大部分行为习惯不详。

Lybius chaplini

查氏拟䴕

体长：19 厘米
体重：64~75 克
社会单位：群居
保护状况：易危
分布范围：非洲赞比亚

查氏拟䴕是非洲拟啄木鸟科中唯一一种赞比亚特有的鸟类。只生活在有无花果树的开阔的丛林中，西克莫无花果（*Ficus sycomorus*）是它们的主要食物。羽毛卷曲，呈白色，有深红色的眼圈。尾巴和翅膀是黑色的，飞羽底部边缘为黄色。各种科学研究揭示了其一系列有特定目的的社会行为，其中最突出的有打招呼、求偶、防御等一套互相交往的方式。经常由 3 只鸟组成一个群体一起鸣叫。它们的叫声非常喧闹，像是一种加速的“咯咯”声。北非响蜜䴕（*Indicator minor*）一般寄生在它们的巢穴中。

Lybius torquatus

黑领拟䴕

体长：19~20 厘米
体重：56~58 克
社会单位：群居
保护状况：易危
分布范围：撒哈拉以南的非洲

黑领拟䴕的脸部包括眼睛为红色，喙和脚为黑色，背部羽毛呈棕色。脖子上的羽毛为胭脂红色，和腹部的柠檬黄色形成鲜明对比。胸脯的位置有一圈黑色项链似的羽毛，因此而得名。经常在地面或者灌木枝上寻找果实，以种子和花蜜为食。它们也会在飞行中捕食小型无脊椎动物。一夫一妻制。雌鸟在之前挖好的数米高的树洞里产 2~5 枚白色的卵。孵化期为 20 天。出生的第一个月由亲鸟共同哺育，也会经常得到其他同类的帮助。

Trachyphonus erythrocephalus

红黄拟鴷

体长：20~22 厘米
体重：17 克
社会单位：群居
保护状况：无危
分布范围：非洲东部

红黄拟鴷的羽色多彩。脖子为红橙混合色，后颈有黑色斑点，胸部有一圈黑白的如项链般的羽毛，胸部下方和腹部为黄色，因此而得名“红黄拟鴷”。额头为黑色，脚为灰蓝色。背部一般为黑色，有白色斑点。主要分布在热带草原、干旱的灌木林、河床附近的树丛以及悬崖。为杂食性鸟类，主要吃各种各样的果实、种子和小型无脊椎动物，尤其喜欢白蚁。繁殖期一般在雨季，从 4 月份开始。在蚁穴或树洞中筑巢；一窝通常有 5~6 枚卵。

二色性和性别二态性
成年雄鸟、雌鸟和幼鸟之间在整体外表上存在一些差异。成年雄鸟羽色更加亮丽，也只有它头上才有冠。

Tricholaema hirsuta

丝胸拟鴷

体长：17 厘米
体重：15~20 克
社会单位：独居
保护状况：无危
分布范围：非洲中西部

丝胸拟鴷喉部下面的羽毛非常特别，这些纤细而繁多的羽毛看起来很像毛发。头部为蓝黑色，脸颊两边有两条白色的条纹，一直从眼睛延伸到颈部。背部羽毛为黑色或棕色，有肉桂色的斑点，而腹部为柠檬黄色，有黑色斑点。雌鸟背部有深黄色甚至橙色的斑点。

生活在热带丛林里。杂食性动物，以水果、地衣、苔藓和昆虫为食。为了觅食，它们会进行季节性迁徙。进食之后，它们会清洁自己的喙：用爪子摩擦自己的喙，来清除上面的残渣。鸣叫时，用不同的节奏反复唱出 1~3 个高音。伴侣之间会进行二重唱来互相交流和保卫自己的领地。

Trachyphonus vaillantii

南非拟鴷

体长：23~24 厘米
体重：70 克
社会单位：独居
保护状况：无危
分布范围：南非

南非拟鴷是非洲拟啄木鸟科中羽色最为绚烂的鸟。体羽有亮丽的红色、白色、黑色和黄色。另一个显著特点是冠羽竖立在头顶，行成额发或冠，它们的俗名就源于此。一般分布在树林、茂密的灌木丛、大草原和水域附近牧草丰富的地方。

主要以昆虫、水果、小型鸟类的卵为食。一夫一妻制。雌鸟在树洞产 1~5 枚卵，然后由亲鸟共同孵化 15 天。雏鸟刚出生时柔弱无力，全身赤裸无毛，眼睛紧闭。由亲鸟共同哺育，第一个月主要吃一些昆虫。叫声绵长有共振，听起来像颤音。它们在守卫领地和雏鸟时具有很强的攻击性。

Psilopogon pyrolophus

火簇拟鴷

体长：26~28 厘米
体重：115~150 克
社会单位：独居
保护状况：无危
分布范围：印度尼西亚、马来西亚和泰国

火簇拟鴷的羽毛一般为翠绿色，一直延伸到腹部。羽毛有一些红色和蓝色的斑点。颈部的金色环形羽毛和面颊部的灰色斑块相连接。昼行性，中午的时候活动量最大，傍晚躲在树丛中。叫声如蝉鸣。繁殖期的伴侣在树干上挖洞筑巢。雌鸟每窝产 2 枚卵，由双方轮流孵化。雏鸟出生的第一周由亲鸟共同哺育，主要吃昆虫。之后，它们所吃的食物会发生变化，慢慢地几乎完全食果。

Megalaima faiostricta

黄纹拟啄木鸟

体长：24~27 厘米
翼展：35~40 厘米
社会单位：群居
保护状况：无危
分布范围：东南亚

黄纹拟啄木鸟俗名叫绿耳拟啄木鸟，之所以这么叫，是因为其耳羽为绿色。身形小巧，羽毛整体为绿色，脖子短，头大呈白色且带棕色条纹，眼圈为黄色。腹部呈绿色，有黄色条纹，尾羽很短。雄鸟、雌鸟和幼鸟几乎是一样的。有两个亚种：***M.f.faiostricta*** 和 ***M.f.praetermissa***。它们大部分时间都躲在海拔 900 米左右的常绿落叶阔叶林中。在树洞中筑巢，孵化期为 15 天左右。经常会分成一些小团体。雄鸟能发出不同的叫声：保卫领地时，会发出响亮的声音；繁殖期时，声音较为柔和。

生态作用
它们以水果为食，是原产物种种子的重要传播者。

Megalaima asiatica

蓝喉拟啄木鸟

体长：22~23 厘米
体重：82 克
社会单位：群居
保护状况：无危
分布范围：亚洲南部

蓝喉拟啄木鸟的特征在于其脸的两侧为天蓝色，前额和头顶为红色，冠的周围有黑色和黄色的条带。整体上呈绿色。它们生活的自然生态系统包括湿润的有次生植被和果树的丛林。一般栖息在海拔 400~2400 米的地方。主要以水果为食，还会吃一些无脊椎动物和小型脊椎动物。

Megalaima oorti

黑眉拟啄木鸟

体长：20~23.5 厘米
体重：92.5 克
社会单位：群居
保护状况：无危
分布范围：中国和东南亚

黑眉拟啄木鸟的眼睛上面有黑色的条纹，就好像是眉毛，因此而得名。在中国被称为五色鸟，因为它的羽毛有绿色、黄色、红色、蓝色和黑色五种颜色。有 5 个亚种，它们在羽色上有细微的差别。栖息在海拔 1000 多米的高山丛林，生活在丛林的中层和顶部。与在茂密的树冠中发现它们的踪迹相比，我们更容易听到它们的叫声。在树干上挖洞筑巢，主要以水果为食，尤其是浆果类。

Megalaima virens

大拟啄木鸟

体长：32~33 厘米
体重：229 克
社会单位：独居
保护状况：无危
分布范围：亚洲南部

大拟啄木鸟是拟啄木鸟属中最大的鸟类，超过其他同属种类约 7 倍。有 6 个亚种，都生活在海拔 1000~3000 米之间的湿润高山丛林里。冬季会到山谷活动，那里气候较为温和。雌鸟在树洞产卵，通常一窝产 3~4 枚卵，孵化期为 2 周。独居，并且喜欢在一个地区定居。但是，少数情况下也会聚成一些小群体。雄鸟和雌鸟会进行响亮的二重唱，这时它们的喉囊会膨胀。主要以水果为食，如无花果以及其他的无花果属果实。也会吃各种各样的种子、花和节肢动物。引人注目的羽色使它们在印度的动物贸易中大受欢迎，这也是它们所面临的严重威胁。

独特的标志
头部呈暗蓝色，喙为黄色，但尖端为黑色。

斗篷似的背羽
背部羽毛为栗色，而翅羽和尾羽为绿色。

下体
呈棕色，有黄色或奶油色斑点，尾巴基部为红色。

响蜜䴕

门：脊索动物门

纲：鸟纲

目：䴕形目

科：响蜜䴕科

种：17

它们之所以叫响蜜䴕，是因为它们能够引导大型哺乳动物，甚至引导人类找到蜂巢。响蜜䴕科由4个属构成，一般分布在亚洲和非洲。其所有的种都是寄生长大的，它们在其他鸟类的巢穴中产卵，由其近亲来照顾。幼鸟出生后不久，就会攻击其他鸟的卵或者刚出生的雏鸟。

Indicator indicator

黑喉响蜜䴕

体长：20厘米
体重：50克
社会单位：独居
保护状况：无危
分布范围：撒哈拉以南的非洲

黑喉响蜜䴕的背羽为棕色。雄鸟的喉部为黑色，喙为粉色，眼睛下面有亮色的斑点，而雌鸟则没有这些特点。经常会钻进蜂巢里觅食，一般都是在清晨捕食，因为此时的昆虫不是很活跃，攻击性不强。它们是能够消化蜡的少数鸟类之一。同样它们也会吃一些飞虫和小型鸟类的卵。喜独居，但有时成对或组成一些小团体一起活动。

是寄生鸟类。雌鸟一般产3~7枚卵，然后将它们分别寄养在其他鸟类的空巢里，空巢通常都位于树洞或者树枝中间。这些卵由“养父母”孵化。雏鸟破壳而出后会啄巢内原有的卵，甚至会杀死巢中的其他雏鸟以减少竞争。

厚厚的皮肤
使它们在觅食时可以承受蜜蜂的叮咬。

蜂巢
它们对蜂毒并没有免疫力。高浓度的毒液会使它们面临致命的危险。

至关重要的资源
主要在蜂巢内觅食。不仅吃蜂蜜，还吃蜂卵、蜂蛹、幼虫，甚至是蜂蜡。

Indicator minor

北非响蜜䴕

体长：13~15厘米
体重：28克
社会单位：独居
保护状况：无危
分布范围：撒哈拉以南的非洲

北非响蜜䴕的头部和喉部呈灰色。背部为金橄榄绿色，腹部为灰黄色。生活在树丛中，茂密的丛林和干旱地区除外。一夫多妻制，并且是寄生性鸟类。一只雌鸟一季能产20枚卵，通常都产在其他鸟类的巢中，尤其是拟啄木鸟（非洲拟啄木鸟科）的窝内。

Melichneutes robustus

琴尾响蜜䴕

体长：17厘米
体重：47~61.5克
社会单位：独居
保护状况：无危
分布范围：非洲西部

琴尾响蜜䴕因其尾巴的独特形状而得名。雌鸟腹部有灰色斑点，尾羽比雄鸟稍小。雄鸟通过一系列的叫声和空中的杂技表演来求偶。

杂食性鸟类，食物包括白蚁、蜘蛛、水果、蜡和蜜蜂幼虫。

巨嘴鸟

门：脊索动物门
纲：鸟纲
目：䴕形目
科：巨嘴鸟科
种：40

它们生活在美洲的大部分地区，从墨西哥南部到阿根廷北部都可发现它们的身影。喙非常引人注目，大而轻，不会妨碍它们飞行，行动灵活敏捷。羽毛五彩缤纷，面部赤裸无毛。主要以果实为食，但是也会吃昆虫、小型爬行动物、其他鸟类的雏鸟或者卵。在树洞里筑巢休息。

Aulacorhynchus prasinus

绿巨嘴鸟

体长：29~37 厘米
体重：145~180 克
社会单位：群居
保护状况：无危
分布范围：墨西哥、中美洲和南美洲西北部

绿巨嘴鸟因零散分布而产生了很多单独的亚种。有科学家认为，有些亚种之间的区别非常明显，因而对于它们的分类产生了分歧，建议将它们列为不同的种类。

能够在各种各样的环境中生活，尤其是湿润的森林和海拔 3700 米高的开阔丛林。经常会由一只鸟带领的 5~10 个成员所组成的团队一起快速行动。

主要以果实为食，同时也会吃一些种子、昆虫、小型爬行动物和鸟卵。它们是种子的重要传播者，经过其消化道的种子发芽率更高。

3 月到 7 月为繁殖期，根据具体的气候条件而定。求偶过程看起来像是一场无害的啄击战。它们会将遗弃的巢穴扩大，然后雌鸟在其中产 3~4 枚卵。雌鸟和雄鸟轮流孵化 2 周；之后再负责照料雏鸟 6 周。刚出生的雏鸟没有羽毛，眼睛紧闭。一般情况下，雄鸟负责白天照顾雏鸟，而雌鸟则一整晚都待在巢内。

Selenidera maculirostris

点嘴小巨嘴鸟

体长：30~33 厘米
体重：170 克
社会单位：独居
保护状况：无危
分布范围：南美洲东部

点嘴小巨嘴鸟的喙为灰黄色，有黑色斑点，它的学名就源于此。一般栖息在大西洋沿岸的森林和雨林的中层或低处，海拔不超过 1000 米。成对生活，会进行短距离飞行，并且会在茂密的丛林中跳跃。经常会同其他近亲一起在同一洞穴休息。繁殖期时，在树洞内筑巢，一窝一般会产 2~4 枚卵。孵化期可持续 16 天，并由父母双方共同哺养幼鸟。叫声粗，声调低沉沙哑，和青蛙的叫声相似。一般在清晨和黄昏时分能听到它们的叫声。

性别二态性
头部、胸部和脖子的羽毛把雄鸟和雌鸟区别开来：雄鸟的颜色为黑色，而雌鸟则为栗色。

Aulacorhynchus sulcatus

沟嘴巨嘴鸟

体长：33~36 厘米
体重：150~200 克
社会单位：群居
保护状况：无危
分布范围：委内瑞拉北部和哥伦比亚

沟嘴巨嘴鸟的羽色整体呈绿色，但是喉部为白色。喙为黑色，上面有棕色和深红色的斑点。但是它的一个亚种，即 ***A.s.calorhynchus***，喙上的斑点呈黄色。因此，目前关于其分类存在一些争议。DNA 研究表明，实际上它只是沟嘴巨嘴鸟的三个亚种之一。生活在安第斯山脉海拔 2000 米左右的阴雨绵绵的雨林附近。性别二态性不明显，只有喙弯曲的程度存在差异，雄鸟的喙比雌鸟的弯曲程度稍大。另外，雌鸟的喙略小。它们的饮食是巨嘴鸟科最典型的，基本上以果实、其他鸟的雏鸟或卵以及昆虫为主。经常会组成一个小群体，排成一排，在林下到树冠之间飞来飞去寻找食物。

Pteroglossus castanotis

栗耳簇舌巨嘴鸟

体长：36~47 厘米
体重：230~310 克
社会单位：群居
保护状况：无危
分布范围：南美洲中西部

栗耳簇舌巨嘴鸟因黄色胸脯上的一道红色条纹而与众不同。大部分体羽呈黑色，喉部上半部分为栗色，头部两侧为暗棕色。眼圈周围无毛，皮肤呈显眼的绿松石色。

栖息于宽广的热带雨林或者靠近水域的茂密丛林边缘。主要分布在安第斯山脉东部和亚马孙河流域的西南部，从哥伦比亚一直到阿根廷东北部。它们组成 12 个成员的群体，排成一排飞翔，能够避开枝叶繁茂的丛林给它们带来的所有障碍。它们经常会抓住藤本植物或柔软的树枝，甚至头朝下倒挂着来获取果实。

繁殖期取决于物种的分布。它们将啄木鸟（啄木鸟科）的洞穴重新修整、清理和扩建，来作为自己的巢穴；或者在白蚁（蜚蠊目）的窝内筑巢。一窝一般有 2~4 枚卵，孵化期为 18 天。雏鸟留巢喂养，25~30 天之后，离开巢穴。

贪婪的攻击者
攻击黄腰酋长鹂（*Cacicus cela*）和红头啄木鸟属的某些种类的巢穴，以其卵甚至是雏鸟为食。

Pteroglossus beauharnaesii

曲冠簇舌巨嘴鸟

体长：40~45 厘米
体重：190~280 克
社会单位：独居
保护状况：无危
分布范围：玻利维亚、巴西、秘鲁

曲冠簇舌巨嘴鸟的额前和头顶的羽毛卷曲。和其他巨嘴鸟相比，喙相对较短，但是颜色非常引人注目。栖息于亚马孙河流域西南部的热带雨林。直接在树洞中筑巢，不加任何修饰和改善。睡觉时，将尾巴抬起靠在背部，使它们粗壮的身子容入小小的洞穴中。叫声沙哑，缺乏节奏感，中间夹杂着哨音。主要以水果和浆果为食。哺育期会加强饮食，吃一些昆虫和其他鸟类的雏鸟，尤其是黄腰酋长鹂的雏鸟。雌鸟负责照顾并保护刚出生的小鸟，而雄鸟则负责守卫和寻找食物。

Pteroglossus aracari

黑颈簇舌巨嘴鸟

体长：35~45 厘米
体重：180~310 克
社会单位：群居
保护状况：无危
分布范围：南美洲东北部

黑颈簇舌巨嘴鸟的喙的颜色非常耀眼：上颌为象牙色，下颌为黑色。身体粗壮，上半部分呈黑色，腹部和胸部为黄色，腹部有一条红色的宽斑纹，非常独特。生活在潮湿的的低地热带雨林，尤其喜欢古老腐朽的森林。通常由 10 只鸟组成一个小群体生活在丛林高处。其主要食物为果实，至少食用 100 种不同的果实。筑巢期间，还会吃一些昆虫来补充蛋白质。

Andigena laminirostris

扁嘴山巨嘴鸟

体长：46~51 厘米
体重：275~355 克
社会单位：群居
保护状况：近危
分布范围：哥伦比亚、厄瓜多尔

扁嘴山巨嘴鸟的喙呈彩色且有叠层，这是它们的标志。羽色绚丽：头顶、颈部、尾巴为黑色；胸腹部呈天蓝色；翅膀和腿为棕色和橄榄绿色；尾巴基部呈红色。眼圈周围无毛，皮肤呈绿松石色，眼睛下面为黄色。

一般栖息在海拔 1200~3200 米附生植物茂盛的安第斯山湿润的丛林里，经常和其他种类组成小团体到树丛中层觅食。基本上以果实为食，食用将近 50 种不同的植物果实。也会吃昆虫，尤其是用鞘翅目昆虫来丰富它们的饮食。有时还会吃当地一些植物的花蕾。繁殖期开始之前，不繁殖的鸟会离开巢区。在哥伦比亚，繁殖期一般在秋冬两季；在厄瓜多尔只有冬季为繁殖期。在干枯树干的不同高度筑巢。每窝一般有 2~3 枚卵，由雌鸟和雄鸟共同孵化。雏鸟破壳而出后，由父母负责照顾 45~60 天，一般喂它们吃一些甲虫、蜗牛、卵、老鼠和小鸟，直到其独立。

Ramphastos sulfuratus

厚嘴巨嘴鸟

体长：46~63 厘米
体重：275~550 克
社会单位：群居
保护状况：无危
分布范围：非洲中部

厚嘴巨嘴鸟的喙的颜色和其他巨嘴鸟科鸟类的不同。喙呈柠檬绿色，尖端为红色或深红色。下颌有天蓝色斑点，上颌有橙色或黄色斑点。体羽有黑色、红色、黄色和白色。单态性，但雌鸟一般体形稍小，喙略短。

栖息于亚热带湿润丛林、山区和低地。在 30~35 米的高空休憩和觅食。主要以水果和昆虫为食，有时也会捕食小型鸟类和爬行动物。经常在树上进食，在极少数情况下会到地面上进食。社会性极强，同类间会举行娱乐活动，比如扔水果。它们喜欢由 6~10 只鸟一起在树枝间跳跃。排成一列笨拙地飞翔。在发情期，雄鸟会赠送食物给雌鸟。之后雄鸟会和接受求偶的雌鸟一同布置树洞作为巢穴，这项任务一般在产卵前 6 周开始。洞口通常都很狭窄。雌鸟会连续几天产卵，一窝通常有 1~4 枚卵。雌鸟和雄鸟共同孵化和照顾雏鸟。

饮食
因为主要以果实为食，所以它们是当地主要的种子传播者。

聚集过夜
许多鸟共享一个过夜处。由于洞穴较小，因此它们把喙和尾巴缩到身体下方，挤在一起过夜。

日常活动
每天进食的时间和停歇在树枝上的时间一样长。

Pteroglossus bailloni

橘黄巨嘴鸟

体长：35~40 厘米
体重：140 克
社会单位：群居
保护状况：近危
分布范围：南美洲东部

橘黄巨嘴鸟的藏红色的羽毛使其在巨嘴鸟中独具一格。背部呈橄榄绿色，喙和其他近亲一样巨大，色彩斑斓。雌鸟和雄鸟非常相似，但是前者的羽毛更绿，且不够光亮。生活在山地丛林和低地地区，虽然它们羽毛绚丽多彩，但是仍然很难在树丛中发现它们的踪迹。一般以当地的果实为食，如蚁栖树（桑科）的果实。它们担任传播种子的重要生态角色。在啄木鸟（啄木鸟科）遗弃的洞穴里筑巢。雌鸟一般产 2~3 枚卵，和雄鸟共同孵化 16 天左右。

自然栖息地的破坏是它们所面临的严重威胁，此外，还面临被捕充当宠物的危险。

Ramphastos brevis

乔科巨嘴鸟

体长：46~48 厘米
体重：365~480 克
社会单位：群居
保护状况：无危
分布范围：哥伦比亚西部和厄瓜多尔

乔科巨嘴鸟整体上为暗黑色，喉部有黄色斑点。尾巴上端基部有白色斑点，基部内侧为红色。眼圈无毛，呈黄绿色。栖息于低地和安第斯山地的丛林中。常和领簇舌巨嘴鸟（*Pteroglossus torquatus*）合作觅食。领簇舌巨嘴鸟的俗名反映了这种种内的关系。基本上以果实为食，但也吃一些小型无脊椎动物。将凤梨科植物周围的积水作为自己的饮水处。自然栖息地的破坏使它们零散地分布在各地，这使得它们觅食越来越困难，也很难找到筑巢和哺养雏鸟的地方。

喙
雌鸟的喙比雄鸟短。

Ramphastos toco

巨嘴鸟

体长：53~66 厘米
翼展：60 厘米
体重：700~800 克
社会单位：群居
保护状况：无危
分布范围：阿根廷、玻利维亚、巴西、法属圭亚那、圭亚那、乌拉圭、秘鲁、苏里南

巢穴
巢穴一般建在树洞、河岸和蚁穴里。

巨嘴鸟通常栖息在丛林里，不断拍打翅膀进行短距离飞行，会滑翔，体态优雅。在树枝间跳跃，行动灵活敏捷。喜欢喧闹，但叫声单调，在很远的距离外就可以听到。闲暇时喜欢用嘴在空中画圈来消磨时间。

求偶的特点

大而色彩鲜艳的喙可能是择偶的重要标准，尽管目前还没有明确的研究结果，但是的确能看到它们在交配前会用到喙。每对可能的伴侣都会通过飞翔交换水果来进行互动。这一行为表明它们对彼此感兴趣。

雏鸟

繁殖期一般在春天，一窝通常会有2~4 枚卵。雏鸟刚出生时，全身赤裸无毛，眼睛紧闭，柔弱且需要保护，一直到它们出生 8 周之后才会渐渐羽翼丰满，喙也会慢慢发育。3~4 岁时性成熟。

与众不同
它们的喙呈彩色，长达20 厘米左右，但很轻，仅重40 克。

丛林生活

社会性很强，由 6 个成员组成一个群体共同生活。经常在高空飞翔寻找果实，因此，它们的领地范围很难估算。在其所在的生态系统中扮演着关键性的角色，因为它们吃完水果后，会在飞行过程中将种子通过粪便排出。粪便会掉落到地面上，远离树木，成为种子发芽的有利环境。

强而轻

它们的喙大小不同，强项也不同。巨嘴鸟的喙是长度和韧性或硬度的完美结合，是对树栖性生活和食用果皮又硬又厚的水果的适应。它们长而硬的喙外表是一层坚固的角质鞘，内部是上皮组织。喙的密度为 0.1 克/毫升，也就是说，是水的密度的 1/10。喙的这种特殊结构和低密度的特点不仅利于它们进食，而且使它们能够进行敏捷而均衡的短距离飞行。

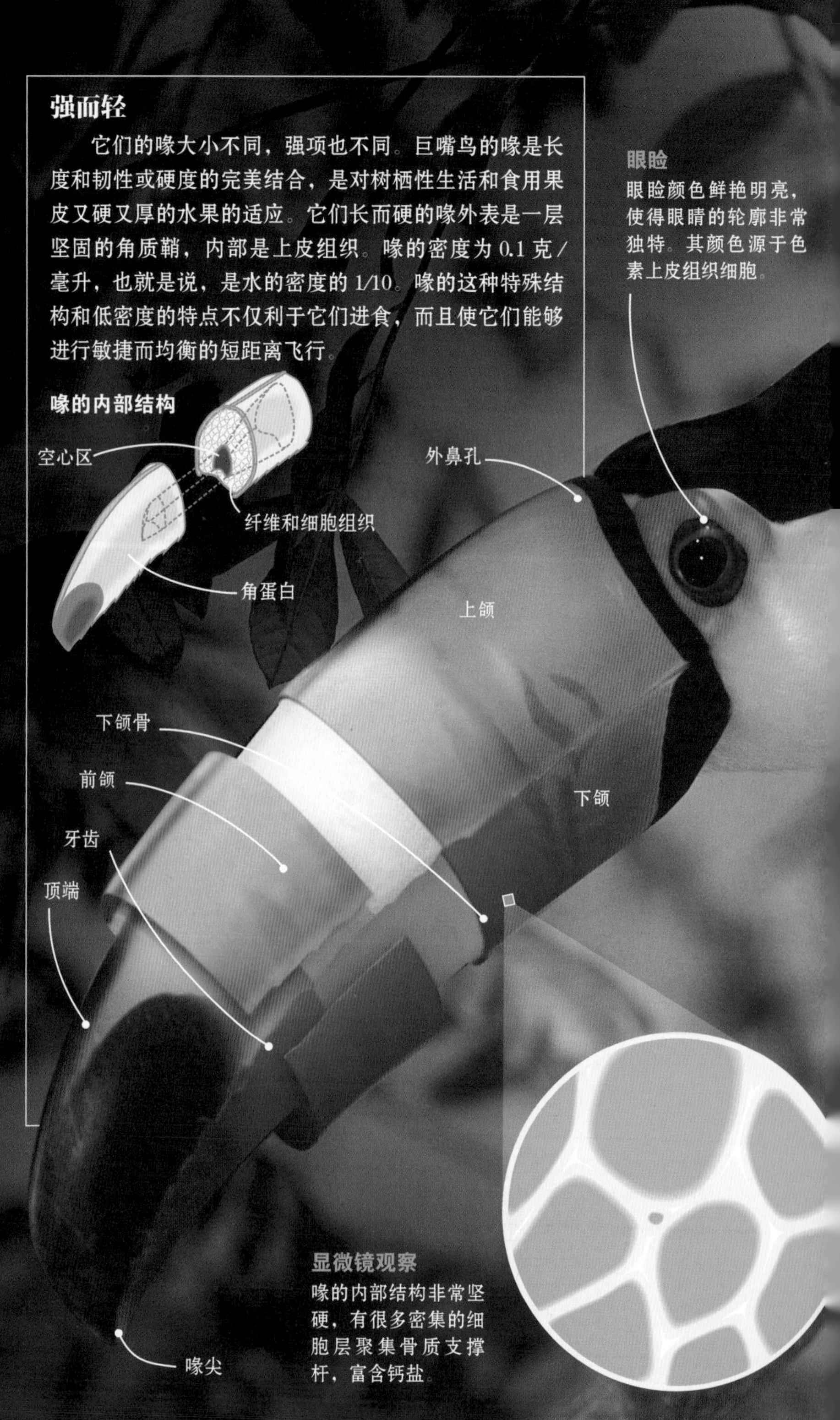

眼睑
眼睑颜色鲜艳明亮，使得眼睛的轮廓非常独特。其颜色源于色素上皮组织细胞。

显微镜观察
喙的内部结构非常坚硬，有很多密集的细胞层聚集骨质支撑杆，富含钙盐。

平衡地飞行

与身体其他部位不成比例的嘴看起来似乎会导致它们飞行时失去平衡，但事实上喙的结构和质地却是它们在飞行中保持平衡的关键。和身体其他部位相比，尽管喙的长度占了整个身体的1/3，但是重量不到体重的5%。因此，身体的重心位于身体的中部和翅膀的中轴线上。

Ramphastos dicolorus

红胸巨嘴鸟

体长：40~46 厘米
体重：265~400 克
社会单位：成对或小型群居
保护状况：无危
分布范围：南美洲东南部

和同属的其他巨嘴鸟一样，红胸巨嘴鸟无明显的性别二态性：雄鸟和雌鸟相似，通过测量喙和泄殖腔的长度来辨别性别。通常，雌性的喙和泄殖腔比雄性略短。眼睑呈天蓝色，周围有一圈红色裸皮。胸部呈黄色，腹部为红色。它们是巨嘴鸟科中最小的种类。尽管经常会看到它们独自行动，但它们也习惯至多 20 只鸟聚成一个群体在果树上觅食，有时甚至会和其他种类的巨嘴鸟一起。因肠道很短，所以它们尤其偏爱果实。从立春到 2 月，在天然的树洞或啄木鸟遗弃的洞穴中筑巢，一般位于 6~8 米高的树木。产 2~4 枚白色的卵，由夫妻双方共同孵化 18 天左右。刚出生的雏鸟全身赤裸无毛，眼睛紧闭，40 天左右就可以离开巢穴。

羽毛
背部呈炭黑色，和身体的其他部分对比鲜明。

喙
喙为绿色，只有和头部连接的地方为黑色。

调节体温
由于喙上的血管可以散热，因此它们能够自行调节体温。如果周围温度较低，血流的速度也会降低，这样就不会导致热量流失。

Ramphastos swainsonii

栗嘴巨嘴鸟

体长：53~56 厘米
体重：600~700 克
社会单位：成对或小型群居
保护状况：无危
分布范围：中美洲和南美洲东北部

栗嘴巨嘴鸟是一种体形较大的鸟类，巨大的喙长 145~170 毫米。是体形庞大的巨嘴鸟之一。通常生活在海拔低于 1000 米的低地热带雨林里，但在哥伦比亚有生活在海拔 2000 米的记录。栖息在不同的环境中，如茂密的丛林、种植园。如果树木适宜，它们甚至可以在花园中生活。叫声类似于狗等动物的嚎叫（当地人将其形容为“上帝的恩赐”），这使它们不同于有类似羽毛的其他种类，其他种类的叫声为尖细型。它们还可以通过翅羽外侧羽毛的缺口发出机械似的声音。虽然和其他巨嘴鸟一样，主要以果实为食，但是它们也会吃昆虫、爬行动物和鸟卵。12 月到次年 7 月筑巢。求偶期间会积极表现自己，然后互换食物。情侣会占据 5~15 米高处的天然洞穴。雌鸟在巢内产 2~4 枚卵，之后由夫妻双方共同孵化。

Ramphastos tucanus

红嘴巨嘴鸟

体长：53~61 厘米
体重：600~700 克
社会单位：成对或小型群居
保护状况：无危
分布范围：南美洲（亚马孙河）

红嘴巨嘴鸟是一种体形庞大的巨嘴鸟，喙长 14~18 厘米。身体颜色大部分呈黑色，但因种类不同，会发生变化。喙的基部为蓝色；背部、翅膀和尾巴为黑色；尾巴基部上端的羽毛为黄色，下端为红色；喉部和胸部为白色，略显黄色；胸部有胭脂红的条纹；腹部为黑色；眼睛周围的皮肤为天蓝色，虹膜呈咖啡色。和雄鸟相比，雌鸟体形稍小，喙略短。喜欢以果实、花和花蜜为食，但是也会吃甲虫、毛虫、蜘蛛、白蚁和小型脊椎动物（如爬行动物）和其他鸟类的卵和雏鸟。经常出现在开阔的热带雨林的中上层，尤其是靠近水域的地方，有时也会出现在村镇里的树上。

非常活跃、显眼和吵闹。雌鸟和雄鸟叫声不同，雌鸟音调高，而雄鸟音调较低。飞行路线呈波浪状上下起伏，振翅和滑翔交替转换。它们组成小群体在高大乔木的枝叶间寻找食物。在大树 3~20 米高处的树洞筑巢。在 1 米多深的地方产卵，一窝有 2~4 枚白色椭圆形卵。孵化期为 14~15 天。喂雏鸟吃果实、节肢动物和小型脊椎动物。

保护
雏鸟脚上有特殊的肉垫，能够保护它们免受粗糙巢穴的伤害。为了使巢穴柔软舒适，它们会在窝内铺上自己反刍的软化的果实种子或者木屑。

独特的目光
眼圈的颜色和白色面颊对比鲜明，使它们的目光显得十分锐利。

喙
喙大而扁，边缘锋利。

生态指标
因其体形、对丛林的依赖性以及传播种子的生态作用，它们成为评价丛林生态状态的重要指标。

栖息架
脚趾紧紧抓住树枝，灵活地行走。

尾巴
尾羽呈黑色，大小和其他种类相似，样子呈方形。

独特的外貌
喙的特殊结构使得鼻孔和外鼻孔延伸到了喙的基部。

啄木鸟及其近亲

门：脊索动物门
纲：鸟纲
目：䴕形目
科：1
种：213

树栖性鸟类，擅于攀爬树干和树枝。两趾向前，两趾向后。喙非常坚硬，能在树干上啄孔，来捕食幼虫和营巢。舌头很长，可伸缩，舌尖有触须。头部和颈部的骨头和肌肉能够承受敲击。具有世界性，除苔原和大洋洲外，其他地方均有分布，一般生活在树木丛生的地方。

Colaptes auratus

北扑翅䴕

体长：30~35 厘米
体重：88~164 克
社会单位：独居
保护状况：无危
分布范围：北美洲、中美洲、安的列斯群岛

北扑翅䴕栖息在开阔的丛林和稀树草原。在城市里的公园和花园也能发现它们的踪迹。在没有树木的草原比较罕见。除生活在古巴岛的北扑翅䴕为候鸟外，其余的都喜定居。通常都是独自活动，大部分时间在地面徘徊寻找食物。它们主要以蚂蚁和其他节肢动物为食。会季节性地食用果实和种子。有时用喙敲击木头捕食昆虫。体羽为棕褐色，有斑点，可以隐藏在周围的环境中，使其能够安全地啄木而不被发现，尤其是在进食的时候。腹部羽色和背部差别很大，胸部有黑色斑点，腹部和肋部有暗色圆点。一夫一妻制，结合为稳定的伴侣。在树洞筑巢，一般远离可提供建筑木材的林区。2~8 月为繁殖期，时间非常充裕，可以哺养两窝雏鸟。雌鸟每窝产 3~12 枚卵，由雌鸟和雄鸟共同孵化 11~12 天。刚出生的雏鸟由父母吐出吃下的食物来喂养。出生后 25~28 天，雏鸟便可以离开巢穴。

颈部
颈部为均匀的灰色，和身体的其他部位形成对比。

尾部
尾羽内侧为红色。

Colpates campestris

草原扑翅䴕

体长：28~31 厘米
体重：148~153 克
社会单位：群居
保护状况：无危
分布范围：南美洲

草原扑翅䴕生活在海拔 800 米的草原、稀树草原、开阔的丛林和田野里。喜欢定居，具有领地意识，陆栖性，在地面通过跳跃甚至行走来觅食。几乎只吃蚂蚁和白蚁。极少的情况下，会吃一些果实。繁殖活动从选择筑巢地开始，一般在树木、棕榈和杆子上筑巢，生活在草地上的草原扑翅䴕挖蚁穴或软土层筑巢。使用树洞的伴侣会连续两年重复利用自己的巢穴。一窝一般有 4~5 枚白色的椭圆形卵。

Picus viridis

欧洲绿啄木鸟

体长：30~36 厘米
体重：90~175 克
社会单位：群居
保护状况：无危
分布范围：欧亚大陆

欧洲绿啄木鸟大部分时间在地面捕食蚂蚁，这是它们最主要的食物，另外它们还会吃一些其他的昆虫和小型爬行动物。

它们的喙是进化适应的结果：因为在地面觅食，所以喙变得很脆弱，不能啄木。这是一种非常害羞，且喜欢定居的鸟，尽管它们的名字听起来很强大。

栖息在草本植物丰富、树木稀疏、有大量蚁穴的地方或者小型开阔树林和田地里。在栎树、山毛榉、柳树和欧洲中部的果树以及北部的杨树上筑巢。一般在腐朽的树干上挖洞作为巢穴，洞口相对较大。有些树洞会反复使用 10 年。一窝有 4~6 枚白色的卵，由父母孵化 19~20 天。成鸟主要给它们的雏鸟喂不同种类的蚂蚁。出生后 3 周，幼鸟便离开巢穴。

进食时间
舌头长10 厘米，因其分泌唾液，所以舌头具有黏性。它们将舌头伸进蚁穴，用带有倒钩的舌尖捕获猎物。

Dryocupus martius

黑啄木鸟

体长：47~57 厘米
体重：260~370 克
社会单位：独居或成对
保护状况：无危
分布范围：欧亚大陆

黑啄木鸟广泛分布于欧亚大陆，栖息在成熟的树林，以及针阔叶混交林或落叶林里。雄鸟和雌鸟不同，雄鸟前额、头顶和颈部为红色，雌鸟前额呈黑色。每对伴侣占据 300~400 公顷的栖息地作为自己的领地，在其中觅食和繁衍后代。主要以蚂蚁、甲虫及其幼虫为食。有时也会吃其他昆虫、坚果、种子和水果。

繁殖期从 1 月份的求偶开始，3 月份，在北半球的春天，开始筑巢。大部分巢穴位于生病但还活着的树的树干上。

结为伴侣的雌鸟和雄鸟在巢中孵化 3~5 枚卵，孵化期为 2 周。雏鸟出生后，由亲鸟通过反刍捕食的昆虫来喂养。幼鸟在出生约 28 天后，便离开巢穴。

喂养雏鸟
在树干上寻找昆虫的幼虫或其他食物来喂养雏鸟。

羽冠
猩红色的羽冠与黑色身体的其他部分对比鲜明。

支撑
坚硬的尾巴为它们在啄击树木时提供支撑。

Dryocupus pileatus

北美黑啄木鸟

体长：40~49 厘米
体重：250~364 克
社会单位：成对
保护状况：无危
分布范围：北美洲

北美黑啄木鸟成对生活，有领地意识，一整年都在自己的领地内活动。栖息于常绿林、落叶林以及针叶林中。主要以昆虫为食，包括蚂蚁、甲虫，以及它们的幼虫。有时也会吃果实和坚果。在有高大树干的枯树上挖洞筑巢。巢穴有很多入口，雌雄亲鸟在白天孵化 4 枚卵，然而晚上，只由雄鸟负责孵化。2 周后，雏鸟出生。

Melanerpes formicivorus

橡树啄木鸟

体长：19~23 厘米
翼展：35~43 厘米
体重：85~90 克
社会单位：群居
保护状况：无危
分布范围：南美洲北部、北美洲南部

繁育者
雄性橡树啄木鸟在橡树上啄孔，为自己的群体筑巢。

橡树啄木鸟社会性很强，非常活跃，12 只鸟组成一个群体，共同生活在枯树的内皮层。能够灵活地在飞行过程中捕食昆虫。在捕食蚂蚁时才会下到地面。不迁徙，当有成员寻找伴侣或者新的橡树时，它们的群体才会分散。

饮食

主要为橡果，有时也会吃种子、果实、植物汁液和花蜜。此外，一年当中也会吃昆虫，如飞蚁、蜜蜂、甲虫和蝴蝶。

筑巢

在枯树 6~21 米的地方挖洞筑巢，巢内有 3 只鸟负责孵化和喂养雏鸟。

不断啄击
每秒啄25 次朽木，每天能敲击树干 500~600 次。

独特的羽毛

雄鸟和雌鸟羽色不同。成鸟的羽冠和颈部为红色，喙的基部和下巴为黑色。尾羽基部、前额、面部和喉部为白色，就像初羽内侧的斑点。身体的其他部位呈蓝黑色。虹膜为白色或黄色，喙为黑色，爪子呈灰色。幼年雄鸟和成鸟相似，但是颜色更为暗淡，羽毛略带灰色，条纹不清晰，虹膜为咖啡色或者灰色。

12000
橡树啄木鸟每天啄木12000 次。

特殊的脑部结构
在敲击木头时承受的重力加速度为1500 克（重力加速度的单位），是以27 千米/时的速度撞击人的头部时的重力加速度的5 倍。

A　B　C
上喙支撑点
上喙
木头
海绵状组织（减缓撞击力）

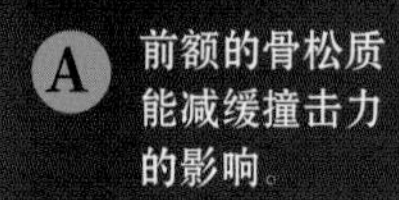

A 前额的骨松质能减缓撞击力的影响。

B 后脑的骨密质接受极小部分撞击振动的影响。

C 喙尖被向后和向下推。

繁殖群体

一个群体中，4 只雄性争夺同 1~3 只雌性繁衍后代的权利，它们共同生活在同一巢穴中。一开始雌性间的生殖竞争非常激烈，甚至会毁掉对方的卵。两次共同产卵之后，这种现象就不再出现。雄性之间的生殖竞争体现在交配时阻碍或干扰对方。没有求偶仪式，也不会结为一夫一妻的伴侣。此外，它们还同其他不繁殖的雄性和雌性一起生活，但只有当它们占领了另一棵树，或者有鸟从自己群体或其他群体落单的时候，它们才这样做。

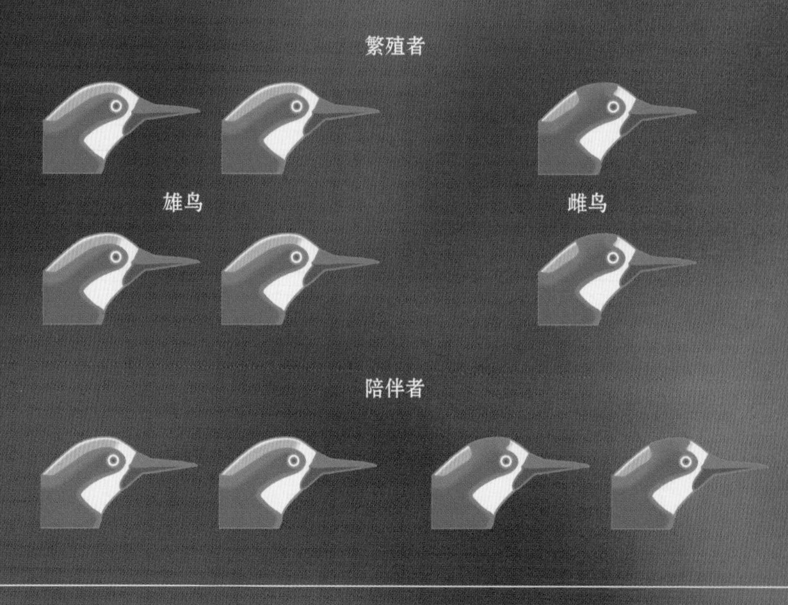

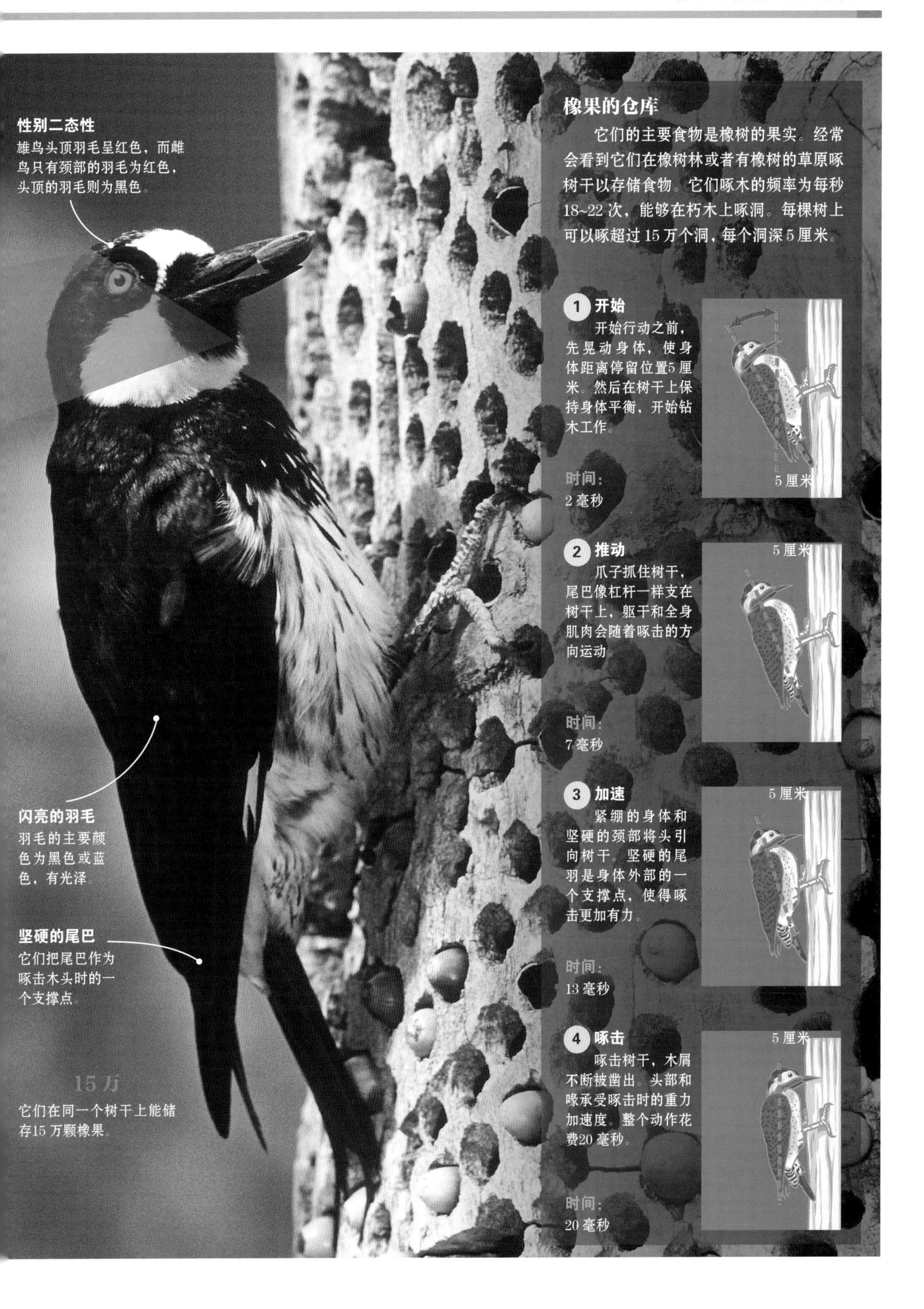

性别二态性
雄鸟头顶羽毛呈红色，而雌鸟只有颈部的羽毛为红色，头顶的羽毛则为黑色。

闪亮的羽毛
羽毛的主要颜色为黑色或蓝色，有光泽。

坚硬的尾巴
它们把尾巴作为啄击木头时的一个支撑点。

15万
它们在同一个树干上能储存15万颗橡果。

橡果的仓库

它们的主要食物是橡树的果实。经常会看到它们在橡树林或者有橡树的草原啄树干以存储食物。它们啄木的频率为每秒18~22次，能够在朽木上啄洞。每棵树上可以啄超过15万个洞，每个洞深5厘米。

1 开始
开始行动之前，先晃动身体，使身体距离停留位置5厘米。然后在树干上保持身体平衡，开始钻木工作。

时间：
2毫秒

2 推动
爪子抓住树干，尾巴像杠杆一样支在树干上，躯干和全身肌肉会随着啄击的方向运动。

时间：
7毫秒

3 加速
紧绷的身体和坚硬的颈部将头引向树干。坚硬的尾羽是身体外部的一个支撑点，使得啄击更加有力。

时间：
13毫秒

4 啄击
啄击树干，木屑不断被凿出。头部和喙承受啄击时的重力加速度。整个动作花费20毫秒。

时间：
20毫秒

Picus canus

灰头绿啄木鸟

体长：25~28 厘米
体重：125~165 克
社会单位：独居
保护状况：无危
分布范围：欧洲、亚洲

灰头绿啄木鸟也叫灰头啄木鸟，背部呈绿色，腹部为淡灰色，尾巴为黄色。头部颜色和腹部相似，并有黑色须毛。雄鸟和雌鸟不同，有红色的羽冠。

栖息在有大量朽木的混合林，但是在辽阔的草原也能发现它们的踪迹。5 月为繁殖期，产 5~10 枚卵，由雌雄亲鸟共同抚养。15~17 天之后，雏鸟破壳而出，4 周后学习飞行。饮食会随季节变化：夏季以蠕虫、甲虫幼虫和其他在树皮、树干内部或下部找到的昆虫为食；冬天，它们则更喜欢种子。

并趾
两趾向前，两趾向后。这一构造利于它们抓紧树枝和树干。

Melanerpes cactorum

白额啄木鸟

体长：16~19 厘米
体重：68~73 克
社会单位：群居
保护状况：无危
分布范围：秘鲁、巴拉圭、乌拉圭、阿根廷北部

白额啄木鸟的背部呈黑色，前额和颈部为白色。此外，雄鸟羽冠为红色，与雌鸟有明显的区别。翅膀、肋部和尾巴有条纹。黄色的喉部在灰色的胸部上方显得非常突出。主要栖息在角豆树林、格兰查科热带草原上，在树洞里筑巢。喜欢爬到灌木丛中显眼的地方休息。

Dendrocopos major

大斑啄木鸟

体长：23~26 厘米
翼展：38~44 厘米
体重：85 克
社会单位：独居
保护状况：无危
分布范围：欧洲、非洲北部、亚洲东部

大斑啄木鸟是啄木鸟属中最著名的鸟类之一。羽毛呈红色、黑色和白色。颈部羽毛、尾羽内侧和腹部底端为红色。上腹部、胸部和眼睛周围的羽毛呈白色。雌鸟颈部有红色斑点。与其他鸟类不同，腹部无黑色条纹状图样，但是仍然很容易同本属的其他种类混淆。栖息在橡树、冷杉和松树林里，在其他类似的环境（包括市区）也能生存。主要以在树皮下找到的昆虫幼虫为食。同样也吃其他节肢动物、干果，极少数情况下，会吃其他鸟类的卵和幼雏。拥有高超的爬树技能，能够垂直、绕圈或呈螺旋形爬树。利用废弃的洞穴，或自己挖洞作为巢穴。它们的巢穴呈椭圆形，一般位于 10 米高的地方。巢穴尽头有小厅室，里边存放着 12 枚卵。雏鸟由亲鸟共同喂养和照顾。会进行短距离迁徙。

Campephilus magellanicus

阿根廷啄木鸟

体长：36~38 厘米
体重：276~363 克
社会单位：群居
保护状况：无危
分布范围：智利、阿根廷

阿根廷啄木鸟生活在阿劳卡尼亚的森林里。羽毛呈蓝黑色，但是有明显的性别二态性：雄鸟头部、羽冠和喉部为鲜艳夺目的红色；而雌鸟头部为黑色，羽冠比雄鸟大，非常显眼，并向前弯曲。另外，翅羽上有白色条纹。以卵、幼虫或成虫为食，它们在树干和细小的树枝上觅食。经常低飞，穿插短暂的振翅滑翔。以坚硬的尾羽为支撑，跳跃着爬树。近距离可以听到它们爬树时趾甲划过树皮的声音。它们的敲击声同样也用来建立和守护自己的领地，以及确定伴侣的位置。此外，它们还用各种各样的声音进行交流。繁殖期在 11 月，在一些挺立的枯树上筑巢。

栖息地
生活在假山毛榉树林。它是南美洲最大的啄木鸟，也是当地唯一的大型啄木鸟。

有抵抗力的头部
因头部和颈部特殊的肌肉组织，脖子并不会振动频繁。

有选择的啄击
啄击强度、时间和频率根据猎物的种类而定。

Melanerpes carolinus

红腹啄木鸟

体长：15~18 厘米
翼展：24 厘米
体重：66~73 克
社会单位：独居或群居
保护状况：无危
分布范围：美国东南部

飞行方式
同其他种类的啄木鸟一样，它们也擅于上下起伏飞翔。

有远见
利用附近的树木或一些栅栏杆的缝隙储存年末的食物。

红腹啄木鸟成鸟的面部和下体为灰色。背部、尾巴和翅膀上有黑白相间的斑纹。正如其名字所示，腹部呈红色，雌鸟的颈部有红色斑点。栖息在开阔的丛林和沼泽地里。冬天时，居住在北方的成鸟会向南迁移。由于乱砍滥伐越来越严重，它们也会生活在非热带区。在干枯的树木或植物枝干上挖洞，雌雄亲鸟合作筑巢。在居民区，它们经常在电线杆上安家。雄鸟经常会用各种叫声吸引雌鸟。每窝产 3~8 枚卵，由亲鸟共同孵化 11~14 天。

Melanerpes erythrocephalus

红头啄木鸟

体长：19~32 厘米
翼展：42 厘米
体重：56~91 克
社会单位：成对或独居
保护状况：近危
分布范围：北美洲

红头啄木鸟的羽毛鲜艳亮丽，头部和颈部呈红色，下体为白色，翅膀和背部为黑色和白色。它们是啄木鸟科中最具攻击性的鸟类之一。杂食性鸟，昆虫、种子、植物、干果、浆果都是它们的美食，有时还会吃其他鸟类的卵。5 月初会产 7 枚卵。

Campethera abingoni

金尾啄木鸟

体长：23 厘米
翼展：273~348 厘米
体重：70 克
社会单位：群居
保护状况：无危
分布范围：非洲南部，马达加斯加除外

金尾啄木鸟生活在河流沿岸的丛林里。腹部为白色，有黑色斑点；翅膀呈棕色和白色；雄鸟头部大部分为红色，而雌鸟羽毛为黑色和红色。以无脊椎动物为食，主要为从树皮下面找到的幼虫。舌头构造特别，上面有倒刺，便于其钩出食物。也会挖蚁穴或吃树枝上的昆虫。

一夫一妻制。夫妻合作在数米高的树洞中筑巢。巢穴可被多次重复利用。一般在 9 月产 2~3 枚白色的卵。由父母共同孵化 13 天。几周后，幼鸟独立并离开巢穴。

性别二态性
雌鸟头部为黑色和红色，而雄鸟头部呈红色。

Celeus flavescens

淡黄冠栗啄木鸟

体长：23 厘米
体重：70 克
社会单位：群居
保护状况：无危
分布范围：巴西、巴拉圭、阿根廷

淡黄冠栗啄木鸟的冠毛为黄色，背部和上体呈黑色，有黄白色条纹或斑点，下体全部为黑色。雄鸟面颊有红色条纹，而雌鸟则是黑色条纹。

生活在热带丛林、有棕榈树的热带草原和一些竹林。主要以蚂蚁和白蚁为食，也会吃一些果实。

Geocolaptes olivaceus

地啄木鸟

体长：22~30 厘米
体重：105~134 克
社会单位：群居
保护状况：无危
分布范围：南非

地啄木鸟生活在干旱地区和相对凉爽的山区，尤其喜欢没有树木和灌木的草原。经常成对或由 6 个成员组成的小群体一起活动。头部和脚一样呈灰色，背部和尾巴呈绿色，下体为红色，喉部为白色。翅膀和尾巴上有明显的斑点。主要以无脊椎动物为食，如昆虫的幼虫和蚂蚁，利用长而黏的舌头从枯死的树干、石缝或者地缝中捕食。巢穴呈隧道状，由雌鸟和雄鸟共同营建，一般位于地层或者蚁穴下面。一夫一妻制。只有在伴侣去世时，才会找新的同伴。雌鸟在 7~12 月之间产卵，特别是 8~9 月。巢穴由一个 0.5~1 米长的隧道构成。隧道尽头有一个小厅室，雌鸟在此产 2~4 枚卵，由亲鸟共同孵化，幼鸟和成鸟一起生活，直到下一个繁殖季来临。

庞大的体形
是当地最大的鸟类之一。

暗淡的绿色
背部的颜色很容易和高山沙漠的色调相混淆。

适应环境
栖息地没有树木，因此，它们会在地洞、蚁穴或者石缝中筑巢。

鼠鸟

门：脊索动物门
纲：鸟纲
目：鼠鸟目
科：鼠鸟科
属：2
种：6

鼠鸟目只有一个科。羽毛为灰色或栗色。尾巴又长又硬。脚很短，4个脚趾全部可以朝前。爪子很发达。大部分为素食主义者。是撒哈拉以南的非洲大陆特有的鸟类。生活在从海平面到海拔2450米的山地、热带草原以及合欢树林。

Urocolius macrourus

蓝枕鼠鸟

体长：33~36厘米
体重：34~50克
社会单位：群居
保护状况：无危
分布范围：非洲北部和中部

蓝枕鼠鸟生活在东非最干旱的地区。一般20只鼠鸟组成一个群体。另外，有很强的团体凝聚力，会通过一种特别的叫声来保持恒定的日常活动，包括进食、休息和个人卫生。栖息在树木稀疏的地区，主要以水果为食，但也会吃树叶、花和花骨朵。树栖性，在树叶间穿梭（令人联想到啮齿目动物）寻找浆果和幼芽。这种生活习惯和它们脚的构造是其俗名——鼠鸟的来源。雨季或雨季过后即五六月份，在树上筑巢。雌鸟产2~3枚卵，孵化期为11天。大部分鼠鸟分布在尼日利亚。它们面临的最主要的威胁是成群的红嘴奎利亚雀（*Quelea quelea*）的破坏，因为它们对筑巢地的破坏和人们对它们使用的大量毒药影响了蓝枕鼠鸟的生存。相反，在塞内加尔，该鸟的数目出现了大幅度增加。

Colius striatus

斑鼠鸟

体长：35厘米
体重：57克
社会单位：群居
保护状况：无危
分布范围：从喀麦隆东部到厄立特里亚和埃塞俄比亚、非洲东南部和南非

斑鼠鸟羽毛为棕色，羽冠非常突出。雄鸟和雌鸟之间没有明显区别。栖息于矮灌木丰富的热带草原，有时在市区也能找到它们的踪迹。社会性很强，一般20只鸟组成一个群体。经常会看到它们成群结队地在地面觅食或洗泥浴，并互相梳洗。每个群体占据超过6公顷的土地作为自己的领地，不与其他群体的领地重叠。具有很强的领地意识，有利于保证其饮食和筑巢区。群体合作筑巢和保卫自己的家园，甚至会共同孵卵和照顾雏鸟。

图书在版编目（CIP）数据

国家地理动物百科全书．鸟类．咬鹃类·佛法僧类 / 西班牙 Sol90 出版公司著；董青青译．-- 太原：山西人民出版社，2023.3（2024.5 重印）

ISBN 978-7-203-12515-0

Ⅰ．①国… Ⅱ．①西… ②董… Ⅲ．①鸟类—青少年读物 Ⅳ．① Q95-49

中国版本图书馆 CIP 数据核字 (2022) 第 244660 号

著作权合同登记图字：04-2019-002

国家地理动物百科全书．鸟类．咬鹃类·佛法僧类

著　　者：西班牙 Sol90 出版公司
译　　者：董青青
责任编辑：崔人杰
复　　审：魏美荣
终　　审：贺　权
装帧设计：吕宜昌

出 版 者：山西出版传媒集团·山西人民出版社
地　　址：太原市建设南路 21 号
邮　　编：030012
发行营销：0351-4922220　4955996　4956039　4922127（传真）
天猫官网：https://sxrmcbs.tmall.com　电话：0351-4922159
E-mail：sxskcb@163.com 发行部
　　　　sxskcb@126.com 总编室
网　　址：www.sxskcb.com

经 销 者：山西出版传媒集团·山西人民出版社
承 印 厂：天津中印联印务有限公司

开　　本：889mm × 1194mm　1/16
印　　张：5
字　　数：217 千字
版　　次：2023 年 3 月　第 1 版
印　　次：2024 年 5 月　第 3 次印刷
书　　号：ISBN 978-7-203-12515-0
定　　价：42.00 元